の近代

Contents

目次

し、人々の習慣や土地利用の在り方などを考慮にいれないのは非現実的でしょう。逆にいえば、建造物はその場所の歴史や環境と、関係を取り結ぶのです。建築史は、そうした関係の取り結び方やそのための基礎情報、すなわち空間的文脈を、作り手たち——建築家に限らず、何かを造ろうとする人たち——に提供することで、創作の現場に貢献するということを大切な使命の一つとしているのです。建築史という分野は、歴史に重点を置いて空間的な文脈を描く学問ともいえるかもしれません。

ところで本書では、分野としては建築史という名前を使いつつも、その分析対象としては、「建築」ではなく「建造物」を扱います。それには理由があります。一般に建築学科では、住宅やオフィスビル、美術館や図書館、行政庁舎や学校は、疑いもなく「建築」として論じられますが、港湾施設や工場、橋梁やダム、道路、トンネル、灯台や水路などは、建築というカテゴリーに入れられることは稀です。それらは土木構造物として、主に土木工学の分野で議論されます。しかしながら私たちの実際の生活はどうでしょうか。朝、家を出て道路を歩いて橋を渡り、駅から線路を走る電車に乗って、地下鉄に乗り換え、地下街を歩いて地上に出て、超高層のオフィスビルに勤めている、といった風に空間はシームレスであり、建築か土木構造物かという区分はそもそも便宜的な区分にすぎません。本書では、人が実際の空間に生きるということを含めて考えるためにも、建築や土木構造物を細かく区分するのではなく、「建造物」という言葉で扱ってみたいと思っています。

灯台から考える海の近代

さて、建造物はたいてい地面に建ちます。特にそれらが大量に集積する場所を、都市と私たちは呼んでいます。その結果、建築史の視線は主に陸地を向いていて、都市に強い関心を持っている学問分野であることは事実です。建造物が建つのは陸地なのだから、陸地で活動する人々に関心が向いているのはあたりまえだと思う人も多いでしょう。しかし陸の反対としての海の上で生活する人というのも少なくありません。例えば、日本は遙か昔から海と豊かな関係を築いてきており、漁民たちは海の上が大切な労働の場でしたし、流通を担う廻船に乗り込んだ船乗りたちも、一年のうち何ヶ月も海上で過ごしました。また、海の上における戦争なども、地域や国家の命運を左右する極めて重要な活動でした。つまり海もまた、無視できない大切な人間活動の現場といえます。そう考えれば、海を向いている（海に暮らす人のための）建造物とは何かという問いが生まれます。その海を向いている建造物の代表格こそ、本書がテーマとする灯台です。そして私たちの身の回りにある灯台は、おおむね近代に建設されたものであり、灯台を考えるということは、現代社会の基盤形成期である近代を考察するということでもあります。

以上をまとめると、次のことが本書の狙いであり、目的であるといえると思います。建築史は非文字資料として建造物を歴史的に読み解くと同時に、空間的な文脈を明らかにしていく学問である、そして一般的に私たちは陸地に意識を向けがちだが、本書では灯台を対象にすることで、海に意識を払って建築史を考えてみる、ということです。冒頭に述べたように、本書は、社会や自然環境の具体的な調査を通じて世界を理解する「フィールド科学」を学ぶための手引きの一つですが、世界の七〇％は海なのです。本書を通じて、海も含めた世界を理解するための手がかりや手法を知っていただけたらと思います。

第1章　白洲灯台と近代日本

灯台と灯明台

みなさんは、灯台といえば、一体何を思い浮かべますか。子どもの頃の海水浴の思い出でしょうか、それとも家族で釣りにいった記憶でしょうか。人によっては、灯台は恋人と過ごした映画のようなシーンの舞台かもしれません。いずれにせよ、海辺の記憶とともにある、大変印象的な建造物、それが灯台だと思います。

建造物としての灯台を一般的に定義すれば、「船舶が陸地、主要変針点または船の位置を確認する際の目標とするために沿岸に設置された灯火を備えた、一般に塔状の構造物」ということになるでしょう。[*1] 私たちが日頃目にする灯台は、明治時代以降に日本に入ってきた西洋式の灯台の系譜をひくもので、その嚆矢は一八六九（明治二）年に点灯した現在の神奈川県横須賀市の観音埼灯台です。白色の光は、当時一七海里（約三一キロメートル）先の海上まで届き、船舶に対して航路を指し示しました。

もちろん、それ以前に日本に灯台がなかったわけではなく、海上交通や沿岸漁業のための航路標識はありました。多くは木造ないしは石造で、神社の灯籠のような形をしており、ひと目見ただけで日本的な印象を受ける意匠をもっていました。しかし現在では、そうした伝統的な日本の灯台――一般的には灯明台と呼びます――の多くは、公的には航路標識の役割を終えているためあまり認知されていません。しかも規模が小さかったり、沿岸部が埋め立てられて現在は海から離れた位置にあったりするため、注意深く見て回らないと存在に気付くのは困難です。こうした灯明台が灯台にその役割をバトンタッチしていったのはちょうど明治の文明開化の時代にあたります。当時の明治新政府は、工学や法学をはじめ、様々な分野において、いわゆるお雇い外国人と呼ばれる外国人専門家を雇用し、最新技術の移転と学習に努めました。そして法制度から

＊1 坪内紀幸ほか『灯台―海上標識と信号』成山堂書店、一九九三年、三頁。

産業技術まで、新しい近代国家・日本を形作るための基礎となる様々な知見や文物を学んだのであり、灯台という建造物もその一つとして入って来たのです。灯台は、一九世紀においては近代国家が整備しておくべき重要な、そして最先端の科学技術の粋を集めた社会基盤（インフラストラクチャー）でした。例えば明治の初期における灯台建設は、工部省の予算の二〜四割が充てられており、国家建設の最重要プロジェクトだったのです。[*2]

灯明台が存在していたのであれば、わざわざ西洋に灯台を学ぶ必要はなかったのではないかと思う人もいるかもしれません。けれども、近世以前の灯明台と近代以降の灯台はいくつかの点で大きく異なっています。例えば、後の議論でも何度か出て来ますが、灯明台にはレンズや反射器など、光を増幅する装置が設置されていない場合がほとんどである上、明滅したり、様々な色で信号を送ったりする機能はありませんでした。したがって、性能からみれば、明らかに西洋式の灯台が優れていました。加えて、灯明台は地域毎に建設されるものが多くを占めており、地域固有の文脈の中で複雑な維持・管理体制がとられていました。そのため通過船舶は灯火のための燃料代（油代）を各地域のルールに従って様々な形で徴収されていました。日本近海にやってきた欧米人たちにとっては、日本の海は大変危険である上に、このように航行のルールも分かりにくいものであったため、彼らは日本に対して欧米の標準規則に合うような灯台を建てることを強く要求するようになりました。[*3] 一方、日本政府としても、

＊2
海上保安庁水路部編『日本水路史』日本水路協会、一九七一年、一八頁。

外国船が灯台と灯明台を見誤って難破したりすると、大変な問題になります。また、灯明台を管理する各地の住民が、日本の伝統的なルールを知らない外国船と勝手に交渉を行うことを許せば、刃傷沙汰などの問題も起こりかねません。そうしたことが起これば外交上大変なリスクを生むことになるので、民間の灯明台を廃止し、基本的には政府の一元管理下で灯台を建設・管理していくことを望みました。そして一八八五（明治一八）年に私設の灯明台建設の禁止令が出され、一八八八年（明治二一）年の航路標識条令によって、灯台の建設および関連業務は、政府に帰属することとなりました。*4 灯明台はこの時点で制度的にも否定されたわけです。

明治初期の日本の灯台

表1は明治維新から一八七〇年代の日本に点灯した灯台の一覧です。明治の初期において、すでに日本各地に灯台が設置されていたことが分かるでしょう。日本政府は当初、横須賀製鉄所の建設をフランス人の技術者に依頼したこともあり、横須賀付近の灯台建設をフランスにまかせましたが、すぐ後にイギリスの技術で建設する方針に切り替えました。その結果、明治初期に点灯した灯台のほとんどは、海洋貿易を通して覇権を握っていたイギリス帝国からやってきたスコットランド人の技術者、R・H・ブラントン（一八四一〜一九〇

*3 幕末に起こった長州藩と列強の間で繰り広げられた下関戦争の後、欧米列強は日本から賠償金を取り立てた。そしてその賠償金の代わりに、灯台を建設することを日本政府に求めた。

*4 明治になって、灯明台はすぐに姿を消したわけではない。また、灯明台を利用して航海を行っていた和船も明治以後少なくなったわけでもない。北前船などは明治半ばに最盛期を迎えている。近代の灯台も伝統的な和船の航行に役に立ったと思われる。

一）によって建設されました。日本政府はブラントンに灯台建設事業をまかせるとともに、その建設技術の習得に努めたのです。

ではどのような灯台が建てられたのでしょうか。その時期の灯台の中には、補修や改築を経ながら、今でも現役で機能している灯台があります。これらのうちブラントンが関与したものを中心に、見てみましょう。

まず現役で稼働している日本最古の西洋式灯台の一つとして有名な、紀伊半島の南端に位置する樫野埼灯台が挙げられます。この灯台は一八七〇年、航海の難所であった場所に点灯しました。灯台付近は東西の視野いっぱいに海が広がり、極めて雄大な景観がひろがります。ここより東の東海から関東では、伊勢湾の入り口にある菅島灯台（一八七三年点灯）、遠州灘を見渡す砂浜の上にある御前埼灯台（一八七四年点灯）、そして房総半島の先端にある犬吠埼灯台（同年点灯❶）などが現存しています。また、一八七一年に点灯した神子元島（みこもとじま）灯台（❷）も有名です。この灯台は遠州灘（静岡県沖）の海

表１　明治維新以後，1870 年代にかけて点灯した日本の灯台

灯台名称	初点年月	灯台名称	初点年月
観音埼灯台	1869年２月	釣島灯台	1873年６月
野島埼灯台	1870年１月	菅島灯台	1873年７月
品川灯台	1870年４月	潮岬灯台	1873年９月
樫野埼灯台	1870年７月	白洲灯台	1873年９月
城ヶ島灯台	1870年９月	犬吠埼灯台	1874年11月
神子元島灯台	1871年１月	御前埼灯台	1874年５月
剱埼灯台	1871年３月	羽根田灯台	1875年３月
江埼灯台	1871年６月	烏帽子島灯台	1875年８月
伊王島灯台	1871年８月	角島灯台	1876年３月
石室埼灯台	1871年10月	尻矢埼灯台	1876年10月
佐多岬灯台	1871年11月	金華山灯台	1876年11月
六連島灯台	1872年１月	新潟灯台	1877年２月
部埼灯台	1872年３月	納沙布埼灯台	1877年５月
友ヶ島灯台	1872年７月	堺灯台	1877年９月
和田岬灯台	1872年10月	島原灯台	1877年９月
鍋島灯台	1872年12月	木津川灯台	1878年５月
安乗埼灯台	1873年４月	大瀬埼灯台	1879年２月

※新暦で表記した。

域を航行してきた欧米の船舶が、当時最も重要な港であった横浜港に入るために、伊豆半島の沖合で進路を変更するための目印として、岩でできた小島の上に建設されました。深い青色の黒潮が洗う岩礁地帯に屹立する灯台で、非常に力強く美しいですね。東北でも男鹿半島の先にある金華山灯台（一八七六年点灯③）と下北半島の突端の尻屋埼灯台（同年点灯）が現在も活躍しています。

さて、外海だけでなく瀬戸内海にも多く残っています。瀬戸内海は基本的にはおだやかですが、それでも非常に海流が速い場所や岩礁が多くありますし、古来西日本の海上交通の大動脈でした。当然、数多くの灯台が建設され、いく

1 犬吠埼灯台

2 神子元島灯台

3 金華山灯台

4 江埼灯台

つかは現役で稼働しています。例えば、淡路島の北端に建つ江埼灯台は一八七一年に光が灯りました。こちらは明石海峡大橋の西のやや高い場所にあって、瀬戸内らしいおだやかな佇まいを見せています（4）。一八七二年に点灯した紀淡海峡の真ん中の小島の西に建つ友ヶ島灯台（5）、瀬戸大橋の中間地点の島に建つ鍋島灯台や、関門海峡の南の入り口にある部埼灯台、そして一八七三年に点灯した松山市の沖合にある釣島灯台なども現存しています。

　この他にもありますが、今あげた灯台はいずれも高い歴史性をもつ建造物です。その多くが、近くまで行ったらぜひ見ておきたい観光スポットとして、各地のガイドブックに記されています。

灯台の見方

　それではどのような観点から、灯台という建造物を見ればよいのでしょうか。もちろん建造物の見方は十人十色で、正解・不正解といったものはありません。ここでは私が灯台を見るときに注意していることの中から、後の話題に関係する二つの視点を紹介してみたいと思います。

　まず一つ目ですが、私が一番気をつけていることは、建造物としての灯台だけに注目しない、ということです。灯台は光を周辺の海に照射する装置ですが、仮に遠くの船に光を届けたい場合、灯台の「建造物としての高さ」は高い

5 友ヶ島灯台

方がいいでしょうか、それとも低い方がいいでしょうか。答えはどちらとも言えません。確かに海面に近い位置に建てられる場合は、背が高い方が遠くまで光が届きます。なぜなら地球が丸いことを考慮すると、光源の位置が高い方がそこと船舶上の人を結ぶ接線の長さ（実際にはやや弓なりになります）、すなわち灯台から船舶までの距離が長くなるためです（図1）。しかし、仮に灯台が海にせり出した高い断崖絶壁の上にある場合、そこはもう十分海面からの高さがあるわけです。結果、建造物としての灯台は低くても大丈夫です。もちろんさらに遠くに光を送りたい場合は、灯火の高さをより高くする必要がありますが、あまり高くしすぎると今度は、近くを通る船から光が見えにくくなります。したがって灯台の高さは、光を届けたい距離と海面からの高さによっておおよそ決定されるわけです。私たちは「ここの灯台は背が高いね」とか「これはずんぐりむっくりした形の灯台だね」とか言いながら、建造物単体で見てしまいがちです。しかし、それらの高さや形は、灯台という建造物と船舶の二つだけの閉じた関係で決まっているわけではなく、周辺の地形や海水面との関係でも決まっていることに注意しておくべきでしょう。

例えば犬吠埼灯台は、房総半島の先端に建ち、アメリカからやってくる船舶に対して最初に日本の場所を指し示すシグナルであり、逆に日本からアメリカに向かう船舶に対しては最後の合図として光を送る地点でした。したがって太平洋の彼方まで光を送りたいわけですが、海岸周辺は海抜高度二〇メートル程

図1　光達距離の略図

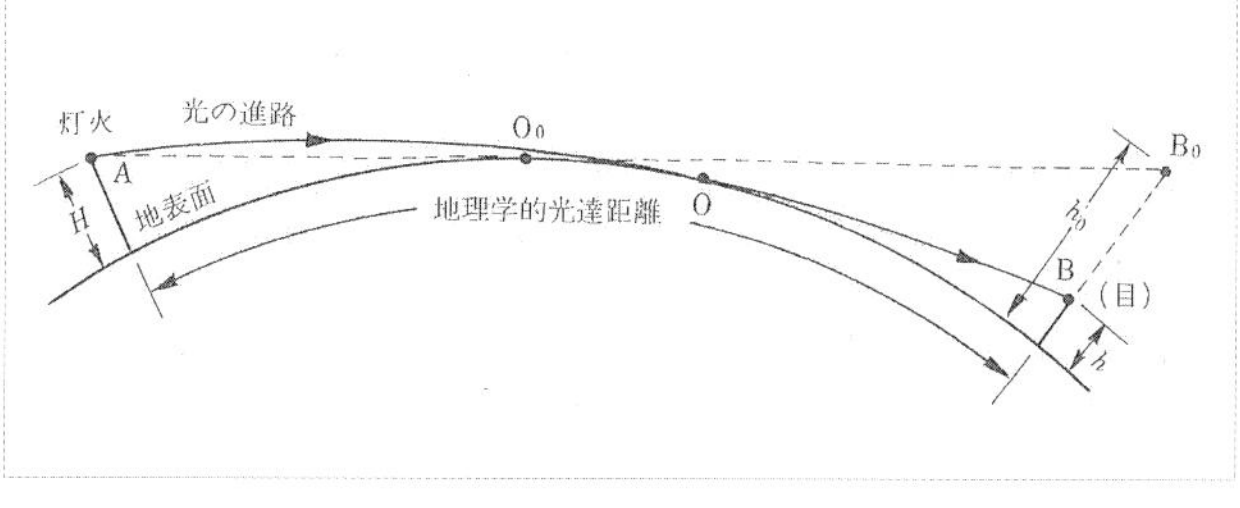

坪内紀幸ほか著『灯台——海上標識と信号』成山堂書店、一九九三年、三五頁。

度で、それほど高い所はありません。そのため、約三一メートルの高い灯塔を設計し、灯火の高さを確保したわけです。実際、海面から灯火までの高さは約五二メートルとなっていて、煉瓦造の灯台としては国内二番目の高さを誇りました。つまり、人間側の要請に加えて、建設地周辺の地形が灯台の形に影響していると言ってよいでしょう。このように、灯台を見るということは、それが建っている場所を見る、あるいは灯台と周辺環境の関係を見るということであり、もう一歩踏み込んで言えば、その周辺環境と海の物理的な関係が、灯台のデザインによって物語られているということなのです。だから灯台だけを見て満足するわけにはいかないし、灯台しか見ないということは、その灯台と関係を紡いでいる海や海岸地域の有り様を見落とすことになるのです。このように、単に高さという点だけを見ても、実に重要なメッセージが含まれていることが分かりますが、もう一つ、次のような抽象的な機能にも気を配っておくべきです。

一つの灯台の建設が完成に近づき仮点灯されると、その光の輝き方や色に加え、灯台が建っている位置情報が経緯度として、全世界に向けて公開されました。今はもちろん一九世紀においても、日本に限らず様々な地域の灯台の情報は公開・更新されていました。そして航海者たちは、灯火の光の色や点滅の仕方を観察することで、その灯台がどの灯台であるかを判断し、自分が地図上のどこにいるのかを把握することができるようになったのです。江戸期の日本では日本の周辺海域の航海が中心であり、多くの船乗りは海岸の地形による位置判断など、経験に頼りながら航海していました。そのため、自分が慣れ親しんだ海域やその周辺のことは空間的に理解していましたが、地球のあらゆる場所を含めた統一された世界空間の中で、自分がどこにいるかということを正確に把握する必要には迫られていませんでした。しかし欧米は早くから遠洋航海に乗り出して遠隔地貿易の推進と植民地獲得を行う中で、航海技術を天文学や数学とともに発達させてきました。この中で生まれた、世界全体の空間とそこに立つ自分の位置関係を、経緯度という座標系で把握する方法を体現していたのが灯台でした。つまり、灯台という海上交通のためのインフラストラクチャーを通して日本に持ち込まれたのは、ルネサンス以降の様々な科学的、地理学的根拠――地球の自転や公転といった天文学やそれを計算する数学の知識、大航海時代を通じた世界各地の観察など――に体系的に支えられて完成した、西洋的な世界観だったわけです。

そう考えると日本における灯台は、イギリスなどの列強の指導によって造られた、航海者を安全に導く建造物だというだけでは不十分のように思えてきます。むしろ灯台という建造物は、航海者たちに近代的な空間認識の仕方そのものをもたらした、あるいはその認識システムの中に航海者たちを巻き込もうとしたと考えられないでしょうか。

しかもイギリスはグリニッジを経度0とした経緯度を用いていました。グリニッジはいうまでもなく、現在の世界の時間の基準となっています。地球の自転を踏まえると経度一五度で一時間（三六〇度÷二四時間＝一五度／時間）という時差をあらわすことは、小中学校の社会の地理や、理科の天体の時間に習ったと思います。つまり、経緯度は世界の空間認識だけでなく時間認識にも関係してくる極めて根本的な座標系であり、建造物としての灯台はそんな時空間感覚――それは非常に近代的な概念です――を日本に持ち込むことに寄与したのかもしれません。このことは、欧米がもたらした近代文明というのは、単に建造物や工業製品といった即物的なものだけでなく、時間や空間に対する思考方法そのものでもあった、という話に繋がっていきます。またこうした視点は、学校や駅という場所が、人々が近代的な時間感覚の下で生活するための規律訓練の場であるといった視点（古い学校や駅にある時計台はその象徴です）にも繋がります。

これ以上の抽象的な話は本筋からそれていきますので、話を戻すためにも前述の視点を簡潔にまとめておきましょう。まず一つは、灯台は海や周辺地形といった開かれた環境と関係をもつ建造物であり、その点に注意して視野を広くとって見る必要があること。もう一つは、岬の先端に建つ灯台は、ぽつねんと孤立しているようだけれども、実は壮大で近代的な時空間認識を背負った建造物であるということです。

往々にして私たちは、建造物を周辺環境から切り取って単体として眺めてしまいますし、それによって生じる私たちの意識の変容や、別の文脈に建造物を置き直したときの多様な意味に、なかなか気付きません。しかし、建造物を単体で判断しない、目の前に見えている事実だけでなく、それがもっている世界観にまで踏み込んで考えてみる、という二つの点に注意すると、建造物単体やその場所だけで終わる話ではなく、人間や社会の深遠に繋がる興味深いテーマにアクセスできるはずです。ここからは具体的な灯台の事例を見てみましょう。

白洲灯台の物語

最初に紹介する灯台は、北九州市の北に広がる響灘の海に浮かぶ白洲という浅瀬のような小島にあります。白洲は関門海峡の日本海側の入り口に位置していますが、江戸時代末の関門海峡は、年間約二万艘を超える船が通過する海上交通の要衝として、大変な賑わいを見せていました。[*5] その中で白洲の浅瀬は、嵐の日や夜間の航行時にあやまって乗り上げてしまうと船が動けなくなる危険な場所で、西日本の航路の中でも指折りの難所として知られていました。

その白洲のある響灘に面した小倉の町に、一人の老人がいました。彼の名は、岩松助左衛門（一八〇四（文化元）〜一八七二（明治五））。助左衛門は小倉藩の難破船支配役として、白洲で頻発する海難事故の救助に何度もおもむい

＊5
米津三郎『白洲灯台』小倉郷土会、一九六三年、五頁。

ていました。そして一八六二（文久二）年、船乗りたちに座礁の危険を知らせる目印となるように、白洲に灯明台を建てることを計画します（助左衛門は「灯籠堂」と呼んでいました）。助左衛門は建設資金を集めるために、灯明台のイメージを絵図に描き、それを配って募金を集め始めましたが、それから数年を経ずして日本全体が大政奉還、戊辰戦争などの明治維新の混乱に突入していきます。そして彼は、仲間の裏切りや地域住民の反対など、大変な困難に向き合いながらも灯明台の建設計画を少しずつ実行にうつし、資金が尽きるとついには私財を投じて自力で建設を始めました。しかしながら、完成への道は険しく、灯明台の基礎工事を終えるのが精一杯で、老齢の彼は病に伏してしまいます。

そんな折、イギリス人らの指導のもとで日本全国の灯台を建設していた明治新政府の組織である灯台寮が、助左衛門の活動を耳にしました。おそらく、いたく感心したのでしょう。また、助左衛門がもっている白洲や地域社会に関する情報を得たいとも思ったのかもしれません。役人たちは、一八七一（明治四）年旧暦九月九日の朝、助左衛門を白洲の現場に呼び出します。助左衛門が病をおして白洲に急行し、白洲の波打ち際で役人たちを待っていると、六人の男たちを乗せた船が、水面から立ち上がる靄を割いて静かに近づいてきました。このシーンを小倉の史家・米津三郎は次のように書いています。

夜はすでに明け、夜来の雨もあがりすがすがしい朝であった。「助左衛門」と重役から声がかかった。「永年にわたる心掛け、神妙奇特のいたりである」

（中略）助左衛門はあまりのありがたさに白洲の真砂にひれ伏し、しばしは頭をあげることができなかった。胸は感動に充ち、老いの両眼からは涙があふれた。[*6]

残された助左衛門の記録によれば、この白洲に上陸した男たちのうち、二人は「異人」であり、「紙筆を以て相記」していたとあります。残念ながら二人のどちらともブラントンではなかったと思われますが、イギリスからやって来たブラントンの周辺にいた技術者に違いないと思われます。灯台寮の役人とイギリスの技術者たちは、白洲に西洋式の灯台を建設する計画を立てており、そのために助左衛門に現場の情報を提供してもらいながら、測量その他の調査を行ったのでした。その後まもなく、助左衛門は計画が引き継がれたことを喜びながら、灯台の完成を見ることなく亡くなってしまいます。しかし、助左衛門の不屈の意志と命をかけた行為は、「お上」である明治新政府に認められたと同時に、灯明台ではなく最新の西洋式灯台として一八七三年に実現したのです。

＊6
米津三郎『白洲灯台』小倉郷土会、一九六三年、七二頁。

助左衛門の灯明台、ブラントンの灯台

この話は国定教科書の読み物として、一九三一年の尋常小学読本と一九三八年の小学国語読本にそれぞれ掲載されており、戦前の日本では広く知られていました。私財を投じて一人黙々と社会のために尽力する助左衛門の「無私」の精神を讃え、戦争の時代の子どもたちに見習わせようとしたのかもしれません。あるいは当時の官尊民卑の社会において、人々に一種のカタルシスとして読まれた可能性もあるでしょう。なぜなら、民側に立った助左衛門が、最終的に官である明治政府を感嘆させる物語とも読めるからです。このように助左衛門の逸話自体、様々な「読み」ができるわけですが、私たちはいま灯台に注目して彼の仕事を読みといてみましょう。

ここで助左衛門が計画していた灯明台の絵図（図2）と、明治新政府がブラントンの助けを借りて造った灯台（❻）を見比べてみてください。全く印象が違うでしょう。助左衛門による計画では、大きな石組みの二段の基礎が設けられ、その上に二層の屋根をもつ立派な木造の灯明台がそびえています。そして一階、二階の両階に、大きな開口部を四面に開放的に設けており、その内部に障子のようなもので囲われた灯火があるように見えます。

一方で、助左衛門が亡くなってしばらくしてから完成したブラントン設計の

図2　白洲灯明台

引札「豊前企救郡藍嶋沖白洲燈籠堂図」（「岩松文書」六八〇号）部分。（北九州市立自然史・歴史博物館所蔵・提供／冨田吉子撮影）

白洲灯台はどうでしょうか。残念ながらその灯台は一九〇〇年に建て替えられており、今日その様子を知るには写真や図面を参照する他ありません。しかし、写真をよく見ると木造の下部構造は筋交いを入れたフレームが頑丈に組まれており、その上に四角形の平面の灯台が建っていることが分かります。その頂上部分には当初は赤い光が灯っていました。小さな灯室の周りは、機器やガラスを拭いたり、修理したりするために歩けるようになっていたことも分かります。

試みにこの二つの建造物の心臓ともいえる灯火の部分に着目してみましょう。助左衛門の灯明台の中にある灯室の周りには障子が見えます。この障子には全面にガラス板がはめ込まれる予定でした。驚くのはガラスが貴重だったため、その価格が、火焚き人の家財などもすべて含めた総工費と一年間の灯明台の維持費も合わせた額のうち、一割近くを占めていたことです。これは、灯火が風で吹き消えたり、あるいは火が周囲に燃え移ったりするのを防ぐと同時に(灯火には菜種油を焚く計画でした)、中の光を弱めずに外に放射させるためと考えられます。しかし、レンズや反射鏡などの装置は全くなかったので、いくら油を焚いても、強い光とは言いがたかったはずです。そうだとしても灯明台として造る以上、割れやすい高価なガラス張りの障子や、それに囲われた灯室の中の弱い光を、風雨や波しぶきから守らねばなりません。その結果、深い軒をもつ大きな瓦屋根が計画されたのでしょう。計画で終わったとはいえ、弱い

6

初代の白洲灯台の写真：米津三郎『白洲灯台』小倉郷土会、一九六三年、口絵。

灯火を最大限利用しつつ、同時にその灯室を守るための工夫が建造物全体に及んでいたことが読み解けます。

一方でブラントンの白洲灯台の頂部には、フレネル式レンズ（7、図3）という一九世紀半ばに西洋で実用化された最新の光学装置が装備され、強力な光を発することが可能でした。当時の欧米の灯火は、油を焚いた光をそのまま使うのではなく、空気の供給や排煙、内部温度や光の反射角などを徹底的に計算し、ガラスと金属によって精巧に造りあげた小さくも強力な装置となっていたのです。助左衛門の灯明台の方は、深い軒をまわした上、灯火をガラス板で囲いこんでいたことからもわかるように、弱い灯火を建造物が全力で守って支えるようなデザインでした。一方ブラントンの方は、灯火部分は丈夫でコンパク

7

能登の禄剛埼灯台の光るフレネル式レンズ

図3　第2等フレネル式不動レンズ

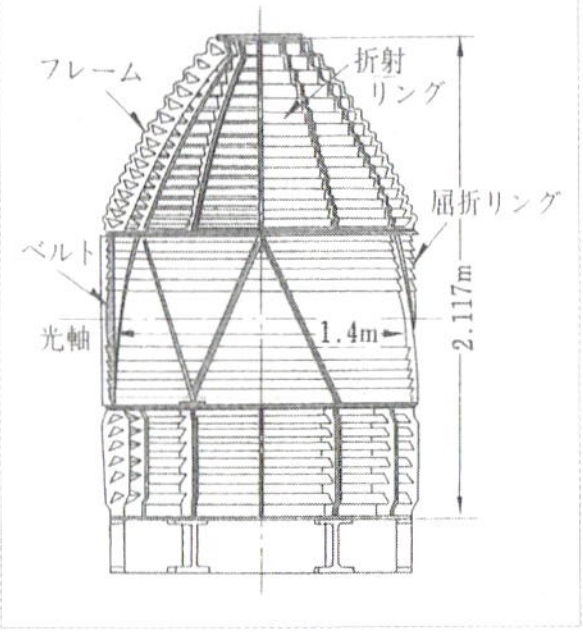

光源から発する光をこのプリズムの集合体ですべて平行光線に変える。坪内紀幸ほか著『灯台——海上標識と信号』成山堂書店、一九九三年、五八頁。

トであると同時に、強い光を発することのできる優れた近代的装置が備え付けられていました。その結果、最低限雨風をしのいだ上で、増幅された光をできるだけ妨害しない最小限の意匠としたのであり、灯火装置と灯台の駆体とが明確に機能上の役割分担をしていて、合理的な建造物である印象を受けます。

現在の観点から見るとイギリス帝国の「先進性」は明らかで、「遅れ」を自覚した日本は、ブラントンからその技術を必死で学んだのだろうと考えてしまいます。こうした西洋の先進性への日本のキャッチアップを踏まえ、ブラントンは灯台建設の父であり、日本の近代化に尽力してくれた恩人として、日本では顕彰されています。また、助左衛門の伝記でも述べられているように、灯明台から灯台へと計画が美しくバトンタッチされたようにも思えます。こうした科学技術的側面や計画の連続性という観点から見れば確かにそうですが、先に述べた見方のように、より視野を広げて助左衛門の灯明台を見てみると、少し違うシナリオも見えてきます。

灯明台の計画に現れた世界観

私が大変興味深く感じるのは、助左衛門の絵図の左側に、小さな社が描かれていることです（図4）。よく見ると「コンヒラ社」と書かれてあります。コンヒラとは船舶の海上交通の守り神の社、香川県琴平町に総本宮がある金比羅

図4　白洲灯明台の絵図に描かれた金比羅社

宮（いわゆる、こんぴらさん）のことです。加えて、その前には鳥居が建っていますし、目を凝らすと、なんとその前で頭を深く下げてお祈りしている人までも描かれています。助左衛門は、灯明台やそこで火を焚く管理人（現代でいえば灯台の看守）の家だけではなく、金比羅の社までも計画していたのです。この灯明台を、航海の安全を司る神の社とセットで構想したといえるでしょう。こ門の灯明台と神様の居場所をセットで彼が考えている背景を探るために、助左衛門の灯明台建設の動機に注目してみたいと思います。

助左衛門は明治四年（一八七一年）旧暦四月に、明治新政府に対して、白洲の状態を以下のように説明しています。

白洲はもとより西国筋海上第一の難所にて、往古より年々難破船すくなからず、且つ難船の向きにより船中の者共、白洲の上へ這い上り候とて、諸樹水風蔭などこれなき場所にて、数日大迅風の節は藍島より助船の渡海、相成り難く、よんどころなく飢渇に及び、落命致し候ものも数々これあり、甚だもって歎げかわしき次第につき、文久二年四月諸廻船救助のため、灯明台築立ての義、願い出で候ところ……*7

助左衛門は白洲が有名な難所で、年に何隻も船が難破すると訴えています。

しかも、万一難破して運良く白洲の上に乗組員が這い上がれたとしても、白洲

*7
米津三郎『白洲灯台』小倉郷土会、一九六二年、六五頁。

では波や風、雨をしのげず、しかも救助も嵐が収まるのを待たねばならず、結局彼らは餓死してしまったりする、というのです。

もともと助左衛門は、小倉の長浜浦の庄屋を四〇年間勤めた後に、一八六一年に難破船の救助を担当したという経緯があります。庄屋だった頃も目の前の海で難破する人々の海難救助とは無縁ではなかったでしょうし、救助を担当し始めてからも、例えば実際に薩摩の大きな船が右で述べたような経緯をたどり、その船乗りたちが白洲の上で餓死するという事件も起こりました。おそらく助左衛門は、航海者の死と何度も向き合う中で、灯明台建設を決意したものと思われます。一方で地元には、難破船を歓迎する風潮すらありました。難破船から流れ出た積み荷を、付近の貧しい住民たちが生活の足しにしている現状もあったのです。助左衛門は、地元の人たちが死者の持ち物を奪うことに対しても、庄屋としての呵責や死者への後ろめたさ——時には怖れ——を感じずにはいられなかったことでしょう。

以上のことから、助左衛門が灯明台だけでなく、その隣に金比羅の社を加えた理由は、白洲がいにしえより災いの起こる浅瀬であり、それによる死者とともにある場所だったからではないか、と私は考えています。逆に言えば、白洲という具体的な場所を想定して建設を計画したとき、助左衛門にとってはそこに灯明台だけを建てることは不自然であって、灯明台と金比羅は違和感なく結びつけられるものだったのではないでしょうか。つまり、この金比羅には響灘の海とそこに眠る死者に対する助左衛門の畏敬や畏怖の気持ちが表明されているると思うのです。そのことを意識して絵図全体を再度見ながら、北九州沖の響灘の海上にこの助左衛門の灯明台が建っている姿を想像してみてください。白洲灯明台がもし建っていたなら、船乗りたちにとっては航海安全とそこで亡くなった人々に対する祈りの対象として、象徴的な意味もきっと持ち得ただろうと私には思えますが、いかがでしょうか。

白洲灯台へ

このように、ブラントンが造った近代科学技術の粋を集めた灯台の光とはまた違う意味が、助左衛門の灯明台の光にあったとすれば、助左衛門からブラントンへの灯明台・灯台計画のバトンタッチの中で、それは失われてしまったのでしょうか。それを探ることは、限られた図面や文章からは難しいですが、実際に白洲に行ってみると何か分かるかも知れません。ここからは少しルポルタージュ風に、フィールドワークとしての私の白洲灯台訪問記を記述してみたいと思います（図5参照）。

朝九時、関門海峡に面したまち小倉の北側にある長浜の港を、私が乗った船も含めて四隻の船が出航しました。船には大人だけでなく地元長浜の小学生も一緒です。小倉・長浜出身の人々で作る「岩松助左衛門翁顕彰会」の人々が年

図 5　白洲灯台付近地図

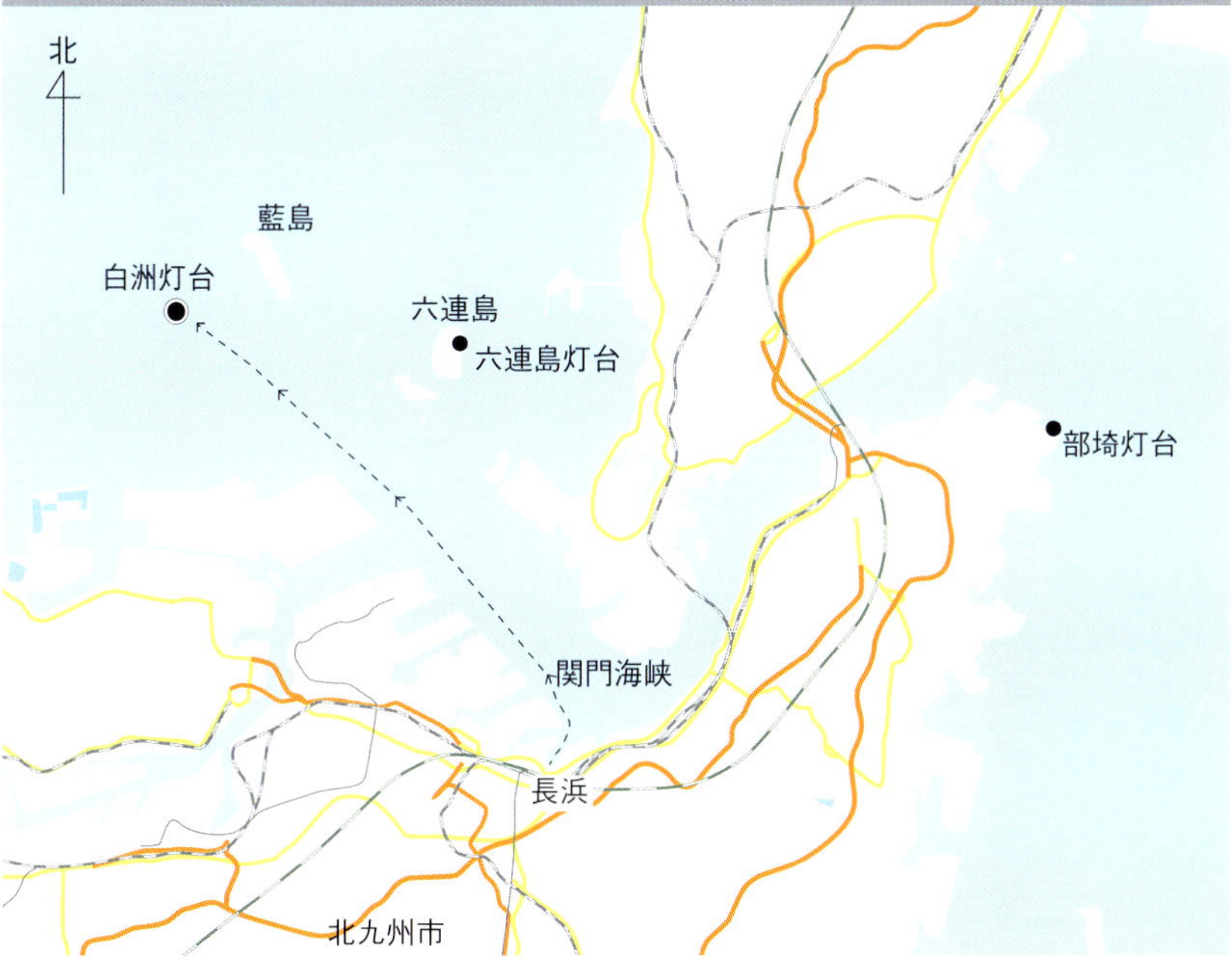

に一度、六月の最初の週に白洲灯台の清掃事業を行っていて、彼らはその参加者たちです。部外者である私も、数年前からこの清掃活動に参加させてもらっていて、毎年六月を楽しみにしている一人です。

船が港内を出てしばらくすると波も徐々に高くなりはじめました。それぞれの船は左手に北九州工業地帯を見ながら響灘の沖へ向かい、潮風とともに進んでいきます（8）。六連島や馬島を右手に見るようになると、遙か前方の沖合を、目を凝らして見てみましょう。白と黒のストライプの灯台が見えてきます。それが現在の白洲灯台です。ブラントンの灯台が、一九〇〇年にこの白黒の灯台に建て替えられました（9）。

船が近づいていくと周辺は所々白波が立っていて、水面から顔を出した岩礁が点在していることがわかります。このあたりは助左衛門の言葉通り、とても浅い海域で、そのために船は慎重に一隻ずつ白洲に接近していきます。海はマリンブルーに澄んで、底がはっきり透けて見えるほどに浅くなってきました。いよいよ上陸です。

島に降りたってあたりを眺めれば、白洲は名前の通り、砂とハマボウフウという草しかない洲のような島であることが分かるでしょう。そして灯台の下に行き、昔と変わらず打ち寄せる波の音の中で、目を閉じてみます。きっと誰の目にも、助左衛門と灯台寮の役人のやりとりや、その横で助左衛門の説明を聞きながら熱心にメモをとり、島の図を描くイギリス人技術者の姿が浮かんでく

8

北九州工業地帯を左手に見ながら白洲灯台に向かう船

9

白洲灯台遠景

るはずです。

現在の灯台は花崗岩でできた下部構造の上に、鉄製のドラムが足され、その上に灯室が載っています（⑩）。先述したように建造物を周囲の環境と、近代的な時空間認識の文脈で見る視点で眺めてみましょう。灯台の建っている白洲の地形はすぐに眼に入りますが、残念なのは、助左衛門やブラントンの時代の遺構をはっきりと確認することはできないことです。何かあるのではないかと思い、灯台の足下をくまなく歩いてみましたがよくわかりませんでした。結局白洲の島の地形と現在の灯台の形くらいしか手がかりはないのでしょうか。

10 二代目の白洲灯台

場所が紡ぎ、育むもの

何か観察するものはないかとあたりを見渡していると、清掃を終えた参加者たちが、小さな石碑の前で集まっています。その石碑は軽石のようで、何かの形に彫ってあったと思われますが、波打ち際で浸食されて摩耗してしまったのか判然としません。しかし、よく見ると人の顔のような形に見えてきます（⑪）。集まった参加者たちは、その前で白洲灯台の歌を合唱するのが習わしで、その歌の名前は「ああ白洲灯台」[*8]。昭和っぽくて、素敵な名前ですが、そ

11 白洲の石碑

＊8 「あゝ白洲灯台」中村幸夫・福島一見作詞、福島一見作曲。

の合唱の後で石碑の由来を顕彰会の中心メンバーである清田禮助さんに聞いてみたところ、彼は次のように答えました。

「軽石みたいじゃろ。浮いて流れてきたんやと思うよ。たまたま白洲にあったから、ここに白洲付近の遭難者の慰霊碑として置いたんよ。こうした碑がないと人が集まる場所がないからね。」

あっ、これはもしかして……。私は何かが繋がったような感覚をその時覚えました。この石碑は、助左衛門が造ろうとしていた金比羅の社と同じようなものではないのか、直感的にそう思いました。流れてきた軽石を、海難やそれによって亡くなった死者と関係付けながら、灯台の傍に航海安全と慰霊のモニュメントとして据え置くことは、祈りの空間を造る行為です。これは、明らかに助左衛門の思考の延長線上にあります。後にこのことを清田さんに伝えると、顕彰会としては助左衛門が金比羅の社を造ろうとしていたことと関係づけてやっていたわけではなく、あくまで自分たちの思いでやっていたということでした。これを聞いて、私はとても不思議な気持ちになりました。慰霊碑を造った人々が自発的に行っているその素朴さゆえに、彼らの世界観と助左衛門のそれが白洲灯台という場所を通して、しっかりと繋がっているように私には思えるのです。海のむこうから流れてきた軽石――清田さんは「韓国かもなあ」とおっしゃっていました――を祀るということも、自分の住む陸側ではなく、海側に向かったまなざしとして共通しています。つまり、近世から近代への象徴的な転換の場面としての助左衛門からブラントンへの計画のバトンタッチにおいて、助左衛門が抱き続けた海への畏怖や死者への配慮は、忘れ去られはしなかった。他でもない助左衛門の出身地の長浜の人々が、今もなおあたりまえのようにそれを受け継いでいたということになるでしょう。

ところで、次の年（二〇一三年）、白洲灯台に行くとその小さな石碑はより大きくて立派な石碑に変わっていました⑫。以前の軽石の碑は、この大きな石碑の中に入っているということでした。その除幕式の際、石碑を造った地元の業者の方が私に次のように言いました。

「最近は輸入材がたくさん入って来ているけど、こうした潮風が吹く場所では、日本の風土にあった石を選んだ方がいいんです。石は生き物なので、地元で育った石が一番合う。」

この言葉も実に面白く感じます。この方は「地元で育った石」と言っていますが、皆さんは「石が育つ」と思ったことはありますか。私は石が「育つ」と考えたことはこれまでありませんでした。さらに続けて彼は、石が長い時間をかけて育ってきたあかしが、「（石の）メとしても入っている」と言いました。その土地で育つということは、その土地の日差しを浴びて、風雨にうたれながら、他の植物や動物たちと同じ時間を共有し、それを体に刻みつけるということでしょう。それを石に当てはめてみてもおかしくはありません。つまり、非常に長いタイムスパンで石は、石自身にその風土の記憶を肌理《きめ》として刻みつけ

12

新しくなった石碑にお辞儀をする子どもたち。表に「鎮魂」、裏に「航海の安全」と書かれている。

ているわけです。そう考えれば彼が言いたいことは、その土地と同じリズムを刻んできた石を使うことで、耐久性が上がるというだけではなく、その土地の自然とうまく混ざり合う、なじむ、ということだと私は思います。私はこの業者の方の話を聞いて以来、石造の古い灯台を見ると、それを人工的で工学的な建造物という風に見るだけではなく、技術者たちの手を通して、もともとあった自然が姿形を変えたもの、という風にも見るようになりました。

ブラントンたちのもたらした科学技術はその後の日本を席巻し、日本人の世界の見方は大きく変化しました。しかし、先の清田さんたちの活動を考えると、実は昔日の海辺の日本人たちが持っていた世界の見方も、強く生き残っていると感じます。白洲灯台という場所はそうした世界の歴史に繋がる一つのゲートと言っていいでしょう。そして白洲灯台だけではなく、私が訪れた多くの灯台の傍らにはいつも、苔むした石碑や墓標がありました。それらもまた、興味深い物語への入り口であるはずです。もし身近にあれば、ぜひそこから過去の世界の扉を開いて、その物語をたどってみましょう。

さて、このように体験していくと、どうやら灯台を見るためには、建造物単体に囚われてしまうような固定的な視点ではなく、遙か昔からの環境の脈動を意識し、いま自分自身の体を通り抜ける潮風を感じ、そしてその地で生きる動・植・鉱物すべてを観察する力が問われそうだということが分かってきます。私がそんな灯台研究を通して紡いでみたいのは、一つひとつ具体的な場所で育まれた、人間の長い旅路を示す豊かな物語です。ぜひ灯台に行き、そこから海を眺め、その周辺を丁寧に観察してみましょう。そしてその地の人々の輪に飛び込み、話を聞いてみましょう。

第2章　国際航路の建設

ブラントンの地図

白洲灯台が点灯した後も、続々と灯台は点灯していきました。一つの灯台でも、付近を航行する船に位置や安全な海域を指示することができますが、灯台が一連の繋がりをもって整備されるということは、近代的な航路の確立を意味します。以下では、白洲灯台と同時代の一八七〇年代の灯台が、実際にどのように航路を支えたのかということを考えてみたいと思います。広く中国・日本・北米の関係を灯台から見ながら、地域を絞り込んで白洲灯台の建つ関門海峡付近に注目することとしましょう。

はじめに図6の地図を見て下さい。これは明治日本の初期灯台建設を担ったブラントンが、灯台建設と同時に綿密な測量を行って作成した地図（以下ブラントン地図）で、作成年は一八七六年です。ブラントン地図に対して精緻な検討を加えた金坂清則氏の研究によれば、同地図は「海図的な要素」を持つ地図だと指摘されています。確かにこの地図内には近代的な鉄道、道路、電信線、電信局、電信用海底ケーブルに加えて、航路が距離付きで示され、その航路との関係を明示するかのように灯台が強調されて描かれています。金坂氏も述べているように、灯台が強調されているところを見ると、灯台建設技師としてのブラントンの自負とともに、日本が「最新の通信技術や輸送ルートによって世界とどのように結びついているか」ということが可視化されているものでしょう。*9 換言すれば、海を向いた地図と言っていいと思います。実際ブラントンも、灯台建設について次のように述べています。

私に任された灯台の建設は厳粛な条約で、日本が列国から義務づけられた

図6　ブラントン地図　西日本部分

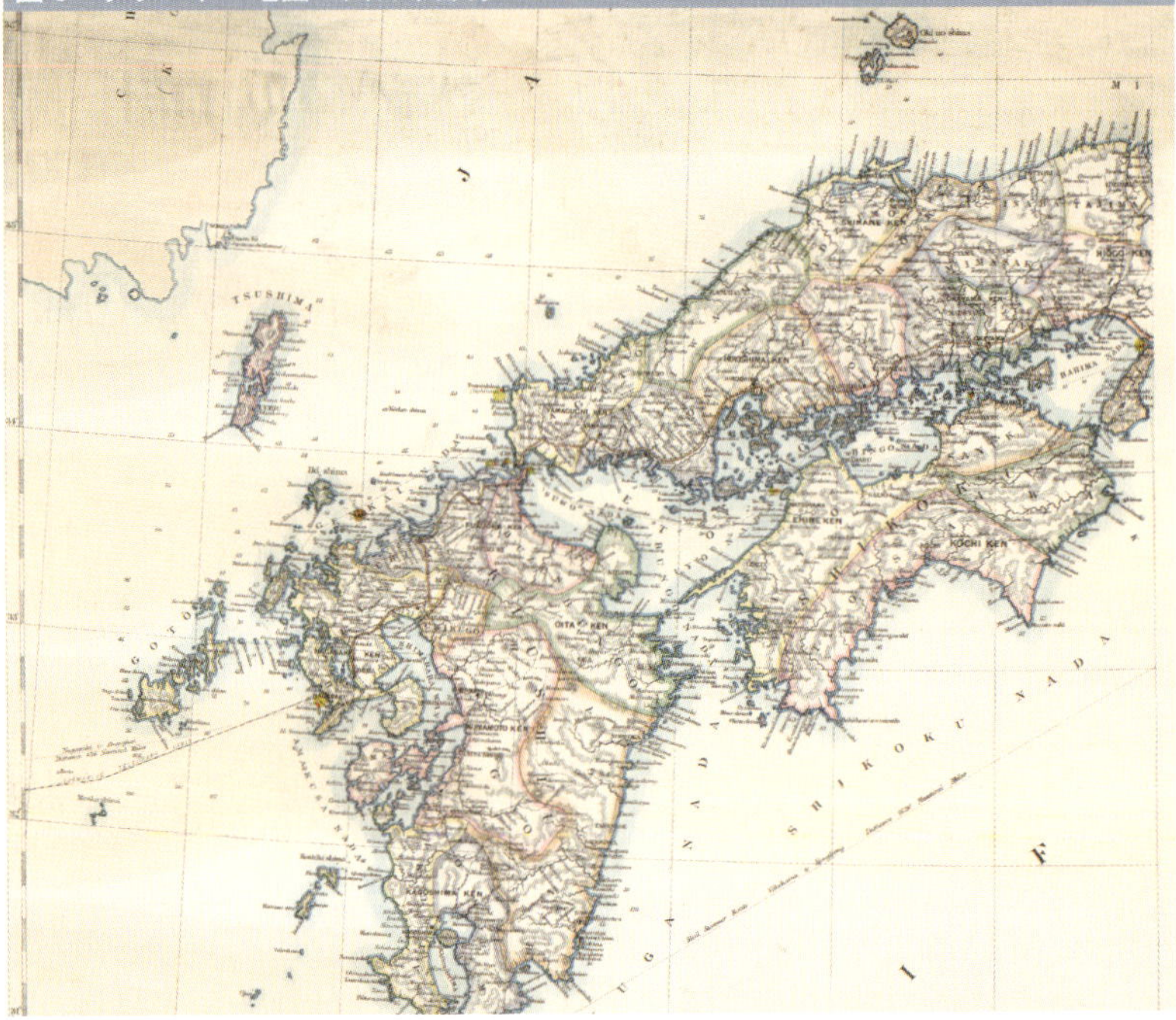

R.H.Brunton, Nippon, 1876, (NLS shelfmark Map.l.9.34) South-west sheet (Reproduced by permission of the National Library of Scotland).

事業であり、広く人類の利益に関わることである。したがって私は、自分が直接の雇主と同様に列国に対しても責任を負っていると感じた。[*10]

ブラントンの感じた責任感は、世界航路網の建設を担う技師としての矜持とも考えることができるでしょう。もっとも、当然ですが、ブラントンが作った地図には国際航路の日本近海部分しか記されていません。そこで、香港と横浜、上海と長崎、上海と横浜、横浜とサンフランシスコなどの主要航路と、一八七九年の時点で点灯していた東アジアの灯台を、より広い地図の上に描き加えてみました（図7）。

香港から横浜へ

最初に、香港・横浜間の航路を見てみましょう。出発地点の香港は、もともとは漁村が散在する島でしたが、中国におけるイギリス帝国の植民都市として、アヘン戦争（一八四〇～一八四二）以降、様々な建造物の建設が始まっていました。その香港の灯台は、一八七五年四月に、香港島南端部分の荒波が打ち寄せるダギラー岬[*11]に建設されています。

一九世紀半ばの香港では、大型船は水深の深い香港島北側の沖合に停泊しました。そして艀《はしけ》を使って、香港島の海岸に並行に走るクイーンズ通り沿いの商

＊9 金坂清則「R.H. ブラントン編の日本図 Nippon（Japan）をめぐって」、『地図』Vol.36 No.3、日本国際地図学会、一九九八年、二四頁。

＊10 R・H・ブラントン／徳力真太郎訳『お雇い外人の見た近代日本』講談社、一九八六年、一七〇頁。

＊11 Cape D'Aguilar：灯台の中国名は鶴咀灯台。

館に荷物を運び、逆に商館から新たな物資を運び込んだりしました。海岸沿いの商館は倉庫と事務所を兼ねた建築で、そのうちのいくつかは艀を横付けする独自の桟橋を持っていました（⑬）。多くの商館が扱っていたのが、アヘンやお茶、中国の絹です。例えば有力商会の一つであったデント商会は、一八世紀末から中国で活動を始め、香港ではアヘン戦争中に行われた最初の土地競売を通じて海沿いのよい区画を落札しました。そしてそこに倉庫と事務所を建て、商売を始めました。

一方で山手側には、イギリス植民地政府の官吏や豊かな商人たちの住宅、彼らが利用する教会が建ち並びました。現在も当時を物語る建造物が香港に残っています。例えば一八四六年に造られた旧フラッグ・スタッフ・ハウス（現・茶具文物館⑭）、一八四九年に完成した現存する香港最古の教会建築・聖ジョーンズ教会（⑮）などです。前者は、強い日射しを避けるためにベランダを周囲に巡らせていて、現在ではベランダ・コロニアル様式と呼ばれています。この様式は、香港に限らず東アジアや東南アジアにおける欧米と貿易がさかんに行われた多くの開港地で見ることができます。開港以後の日本にも

図7　1879 年の航路と灯台

もちろん入って来ていて、例えば一八六三年にできた長崎のグラバー邸や一八七一年に造られた大阪の泉布観などが代表的です。後者の泉布観は、香港や鹿児島、大阪に横浜、そしてニュージーランドやアメリカのコロラドなど、東アジアはもちろん太平洋を股に掛けて仕事をして回った冒険技術者であり、明治日本の最初期のお雇い外国人の一人である、T・J・ウォートルス（一八四二～一八九八）の設計として知られています。デザインが広がっていくということは、それを伝えた人々もまた動いていたということですね。

さて、ダギラー灯台の横を通って香港を離れた船は、まず台湾海峡にさしかかります。その入り口に建っているのは、一八七五年に点灯した漁翁島灯台です。この灯台には大変面白い話が残っています。

実は、漁翁島灯台が建設される前から、そこには灯明台が建っていました。資料によると、一七七八年に清国人蒋元枢、

13

香港のクイーンズ通りの景観：デント商会は右から二つ目の煙突のある建物

Dennis George Crow, *Historic Photographs of Hong Kong and China,* Pressroom Printer & Designer, 2001, p.9

14

旧フラッグ・スタッフ・ハウス

15

聖ジョーンズ教会

謝維旗らが、八角形七層の高さ六〇尺（約一八メートル）の「雄姿堂々たる灯台を建設し〔ママ〕。塔頭に鉄鍋を置き、之に落花生油を湛え、灯心は木綿糸親指大のものを用いて点火」したといいます。そしてその灯火が極めて便利なものとして認識され始めると、「航海安全の守護神として船員は勿論、一般郷民の崇拝する所となり、通航船舶は必ず船を留め、来りて航海の平安を祈り、四時常に参詣者絶えざりし」ものとなったというのです。[*12] 八角形七層の建造物の頂部に鉄鍋を置き、そこに落花生油を湛えて太い木綿糸に皎々と火を灯していたというのだから、さすがは中国の灯明台、豪壮ですね。しかし私が興味を覚えるのはその後の部分で、火が灯されると航海安全の守護神として人々が崇拝し始め、参詣者が現れたという部分です。残念ながら漁翁島の昔の灯明台の姿はこれ以上分かりませんが、対岸の中国大陸のやや北にある温州に、九六九年に建てられた北宋の時代の古い灯明台が残っています（⑯）。写真を見てどのような印象を持ちましたか。私はこれを見てすぐさま仏塔を連想しました。[*13] おそらく漁翁島の灯明台も似たようなものだったのでしょう。このように灯明台が仏教建築と似通ったデザインを持っていたことや、光を灯しているうちに人々がそれをありがたく思い始め、塔を拝み始めたことは、助左衛門の灯台が神社の灯籠のようなデザインであり、その横に金比羅社があったことと近いものを感じます。国境や文化を超えて、海に光を灯すという行為の普遍的な意味を私たちに感じさせます。この漁翁島の灯明台も、イギリス・フランスの要求によっ

＊12 『明治工業史』土木篇、工学会、一九二九年、九二二頁。

＊13 この温州の灯明台の火灯窓には仏像が置かれている。

て取り壊され、一八七五年に鉄造、円形、高さ約一〇メートルの近代的な灯台として再建されました。

さて、漁翁島の灯台を過ぎると船は九州近海に南から近づくことになります。そして一八七一年に竣工した鹿児島の佐多岬灯台（17）のところで、横浜に向けて方向転換をします。佐多岬灯台はブラントンの建設による鉄造六角形の灯台で、大型の一等フレネル式レンズを搭載し、黒潮がぶつかる小島の切り立った崖の上に建つダイナミックなものです。建設に際しては、高さ約九〇メートルの小島の頂上部分を一二メートルほど削り取って灯台の敷地を造り、陸地から小島へ架けたワイヤーにゴンドラのような籠を吊して、人や資材を運びました。この籠はあまりに高く、灯台の看守が高所恐怖症のような「神経過敏」となって、後に使わなくなったとブラントンは記しています。[*14] 佐多岬灯台はそんな難工事をおして造られた灯台でした。初代の佐多岬灯台は建て替えられて残っていませんが、現在もここに灯台があり、重要性は変わりありません。さて、佐多岬沖で東に舵を切った船は

＊14 海上保安庁灯台部編『日本灯台史』社団法人灯光会、一九六九年、一九〜二〇頁、二四四頁。

16

温州の古い灯明台：この写真は西塔で、その隣に東塔の遺構もある。

17

佐多岬灯台

四国の南の海上を潮岬灯台の方向へと進んで行きます。そして遠州灘を通り、伊豆半島の先の神子元島灯台のそばを通って、横浜に着きます。

上海・横浜国際航路の中の白洲灯台

次に上海から長崎、神戸、横浜へ至る航路を見てみましょう。中国の揚子江河口に位置する上海は、アヘン戦争後に外国人居留地が置かれ、香港同様に活発な貿易が行われていました。上海付近の最も古い灯台としては、呉淞灯台が一八六五年に点灯しています。上海を出て日本に向かう場合、呉淞灯台や一八七一年に点灯した佘山灯台などを通過して東シナ海の沖に出ると、長崎までは灯台は存在しませんでした。長崎付近の最初の灯台は、ブラントンの設計による一八七一年に点灯した伊王島灯台で、網羅的に日本の灯台を記した古い資料である『工部統計志』には、伊王島は「支那台湾等ヨリ航行スル船舶ノ標的トスル枢要ノ地ナリ」とあります。そして同書によると一八七九年、伊王島の西にある五島列島の福江島の西端に大瀬埼灯台が点灯しました。大瀬埼は「支那上海地方ヨリ長崎ニ航行スル船舶ハ皆此地チ以テ第一ノ標準」であったため、灯台を建設して航路をより安全なものとしたのです。[*15] 上海から長崎に至るいずれの灯台も、一八六〇年代後半から七〇年代にかけて同時に整備されたことを見ると、中国沿岸の灯台と日本の灯台は互いに航路を支え合うよう建設されて

*15 『工部統計志』灯台之部、工部省、一八八四年、一八一頁。

いたということが分かります。

ところで、日本の西の玄関である長崎の灯台に関しても面白い話があります。明治新政府が成立してまもない一八六八年に長崎を訪れたブラントンは、日本人たちが作った「奇妙」な灯台に関して報告しています。

この灯台は日本人の奇妙な工夫の才を示した珍しい例であった。塔は大きく頑丈に出来ていたが、その上に設けた灯室はいかにも粗末であった。灯室の中には普通のパラフィン油を燃料としたランプが取り付けてあるだけで、レンズや反射鏡等灯火を遠距離に照射する何らの装置もなかった。灯心が平心の小さなランプでは、どんな工夫を施してもごく近距離の照明にしか役に立たない。そのうえ灯室は細い木の枠に薄い紙を張った障子で囲ってあるので光は全く遮られていた。*16

この灯台の責任者に対して、ブラントンはなぜ障子で灯室を薄暗くするのかと訊ねたそうです。すると責任者は、「長崎のオランダ人の家でランプがすりガラスでおおってあるのを見て、それが光を強くするものだと判断し、灯室もすりガラスで囲おうと考えたが、入手できなかったので薄紙を代用品として使用したのだ」と答えたというのです。

想像するに、これは灯台というより灯明台と呼んだ方がよいでしょう。ガラ

＊16　R・H・ブラントン／徳力真太郎訳『お雇い外人の見た近代日本』講談社、一九八六年、四六頁。

スの代わりに薄紙を貼るというのは一見滑稽です。しかし長崎の日本人たちも他地域の人々と同様、自分たちの既存の技術をもとにして、身近なオランダ人たちに対する観察からヒントを得つつ、試行錯誤をしていたことが伝わってきてとても興味深いですね。近代的な灯台が建つ前に、こうした名もなき個性豊かな灯明台がたくさんあったことは忘れずにいたいものです。*17

さて、上海を出て長崎まで来た船は、次に九州の北岸を回って関門海峡から瀬戸内海に入り、神戸に寄りつつ再び紀伊水道から外洋に出て、横浜を目指します。瀬戸内海は内海なので、特に西日本の人の多くは庭先のような近しいイメージを持っているかもしれません。しかしそこは明治期から多くの外国船が行き交う国際的な海域だったのです。その瀬戸内海に入る関門海峡の西の入り口に一八七三年に点灯したのが白洲灯台ですが、関門海峡にはそれ以外にも一八七二年に六連島灯台（⑱）と部埼灯台（⑲）が、それぞれブラントンの設計で造られました。ここで再び白洲灯台が登場したので、少し丁寧にこの関門海峡という国際航路の要衝地域に注目してみましょう。

まずブラントン地図（図8）でこの付近を見てみます。関門海峡に点線が描かれていますが、「Mail Steamer Route Kobe to Nagasaki Distance 385 National Miles」と添えられており、これは神戸・長崎を結ぶ国際航路であることが分かります。分かりやすくするために、私が作った地図をご覧下さい（図9）。関門海峡付近の航路を詳しく見ると、九州の北を東に向かって航行す

*17 例えば千葉県の船橋にある船橋大神宮灯明台（一八八〇年点灯）なども、擬洋風の灯台として大変面白い形をしている。現存しているので、ぜひ機会があれば立ち寄ることをお薦めする。

18

六連島灯台

る船は、Shiroshima（現・男島）とFutaishima（現・蓋井島）の間を通って、白洲を大きく避けながら六連島の灯台の東を回った後に、彦島の西から南を通って関門海峡に入っていきます。そして部埼の灯台の傍を通って周防灘に出たのでした。しかし地図だけを見れば、このルートはやや遠回りですね。六連島の東を通らずに、白洲と藍島の間を通って、そのまま関門海峡に進んだ方が近道です。

私は、実際に外国船の船乗りたちがどのような知見や観察をもとにしてこの航路を航行したのかを考えて

19

部埼灯台

図8　ブラントン地図白洲付近拡大

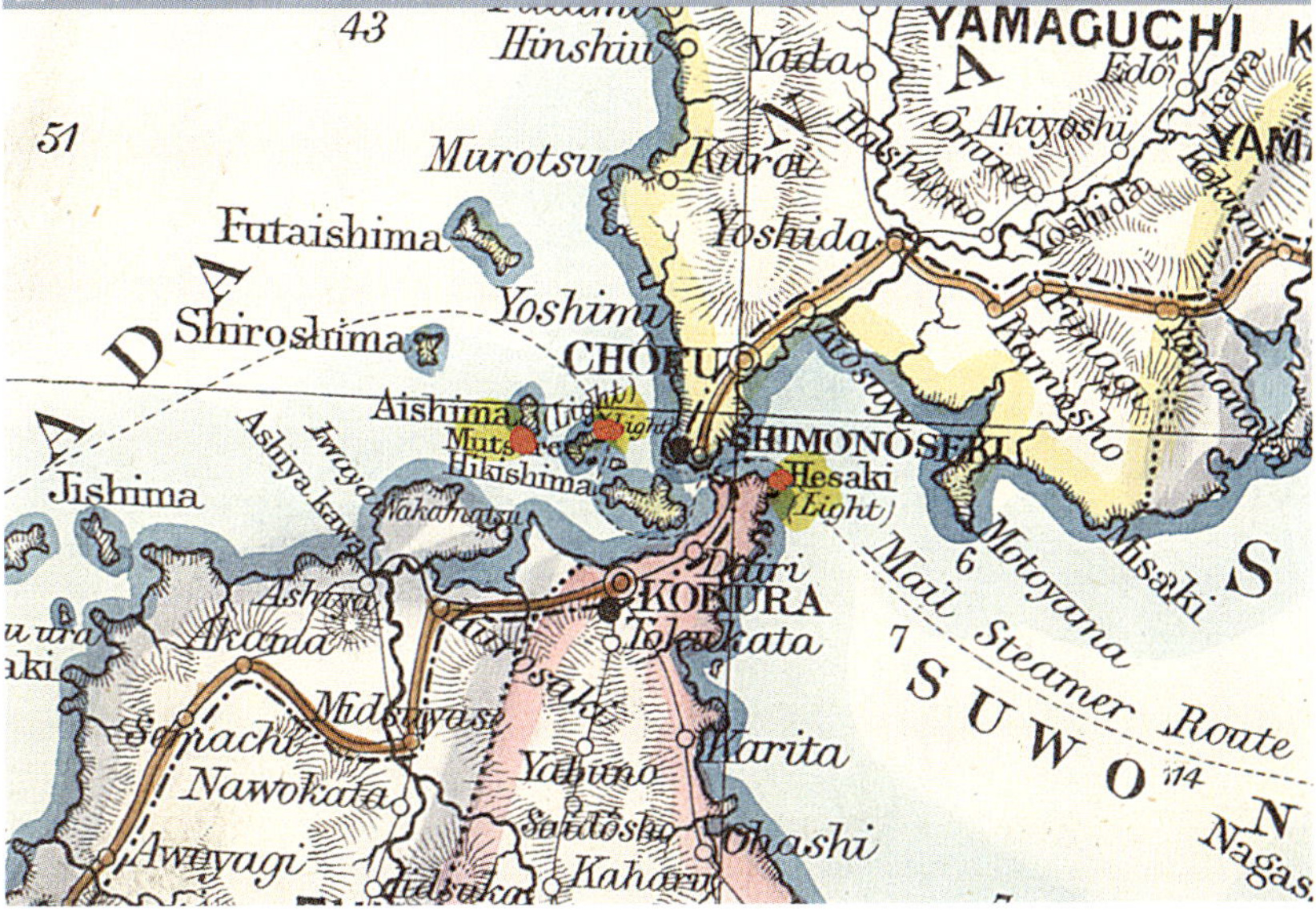

みたいと思い、イギリスの航海書を調べてみました。すると一八七八年に出版された『A directory for the navigation of the Indian Archipelago, China and Japan』という書籍を見つけることができました。同書には東南アジアから東アジアにおける地域を航海するための知識が詰め込まれていますが、その中に関門海峡を西の響灘側から東の瀬戸内海側に抜ける際の航海指南が掲載されています。[*18]以下読んでみましょう。

If bound to Simonoseki from the westward, pass about 1 mile North of Kosime no Osima (Wilson Island), and steer E. by N. 1/2N. for the North point of North Siro sima, which pass at half a mile;

下関に西から近づくなら、コシメの大島（現在の大島）の北一マイルを通れ。そして

図9　白洲付近航路図（現代の地図に書き込んでいるため、当時の海岸地形とはやや異なる。）

東北東に舵を切って北白島（筆者注：地図中のShiroshima（現・男島）と思われます）の北端に向かって、そこから半マイルの距離のところを通過せよ。[19]

then steer East, taking care not to bring the North point of North Siro sima to the northward of West, till the lighthouse on the eastern extreamity of Rokuren Island opens out S. E. 3/4S., or at night until the light is signed, so as to clear the reefs marked by the red buoy off the North point of Ai sima.

そして舵を東に切って進むが、藍島の北端にある赤いブイによって示された岩礁に近づかないためにも、六連島の東端にある灯台が南東に見えるまでは、もしくは夜間の場合は灯台の光が見えるまでは、北白島の北端を真西より北側に持ってこないように気をつけよ。

A S.E course will then lead up to Rokuren, which can be rounded at 3 cables, when steer S. by W. to pass Cape Sisikuts, the West point of Hiku sima, at a distance of nearly half a mile; or at night keep the light in sight, taking care not to bring it to bear eastward of N. by E. 1/2E.

南東のコースをとれば、周囲三ケーブルほどの六連島を通り抜けるだろう。[20] そこで、彦島の西の端にあるシシクツ岬を約半マイルの距離で通過するために南に舵を切れ。夜間の場合は、六連島の灯台の光を視野に入れて、その光が北北東よりも東に見えないように気をつけること。

＊18
A.G.Findlay, *A directory for the navigation of the Indian Archipelago, China and Japan*, Vol.3, Richard Holmes Laurie, 1878 (second edition) , p.1224（景仁文化社、二〇〇一年リプリント版）

＊19
原文では方位は一二八方位表記がされているが、ここでは分かりやすくするため、一六方位で略記した。

＊20
一ケーブルは一〇分の一海里。

The Southern Channel only shortens the distance 4 miles, and requires the new survey as a guide. To the S.E. of Shirasu there is but a depth of 2 to 2 1/4 fathoms in it.

南側の航路を通っても四マイルしか短縮されず、新たな調査が必要である。白洲の南東は、二から二と四分の一ファゾム（約三・六〜四メートル）ほどの深さしかない（筆者注：だから危険である、という意味と思われます）。

この指南書を読んでみて、遠回りのルートをとった理由がよく分かりました。やはり白洲付近の浅瀬や岩礁を怖れて、外国船は迂回した航路を設定していたのです。その後、実際に私もこの海上の景観を見てみたくなったので、二〇一二年に地元の漁師さんに頼んで、白洲から藍島にかけての海域に小船を浮かべて回ってみました。すると水面の下に岩礁が透けて見える場所がいくつもあり、さらには潮や波の加減でところどころそれらの岩礁や洲が海面に顔を出していました（20）。つまり白洲は、この海域においては比較的分かりやすい浅瀬の一つであって、実際は周辺の至るところに海面スレスレの危険な岩礁が広がっているのです。したがって、船は昼間でも座礁しかねませんし、夜間に大型船がこの付近を通ることはほとんど無謀なことだったのです。前述の航海書には別項に白洲灯台の説明も設けられていて、白と黒のストライプの四角塔の上に赤い灯火が灯っているという説明があります。こうした情報と合わせ

20 藍島周辺の海の様子：水面スレスレに岩礁が顔を出している。潮の加減や波の高低で視認しにくくなる。

て、船乗りたちは危険を回避したのでしょう。助左衛門が計画を始めブラントンが実現した灯台は、他の灯台とも役割分担しながら関門海峡の西の入り口にある危険海域を、航海者たちに指し示す重要なインフラストラクチャーとして、きちんと機能していたのです。

ただしこの指南書を読んでも分かるように、灯台があれば万事大丈夫とは言えなかったのは明らかです。なぜなら、船乗りたちが海上で行う位置把握の方法は、海岸の形の見え方や灯台のある方向を、コンパスが示す方位と照らし合わせながら確認していくという総合的な空間把握能力が要求されるものだったからです。地図による空間の把握は、飛行機や人工衛星からの航空写真と同じように俯瞰的な空間把握に近いものですが、実際にその海域を航行する場合、船乗りたちは水面の上にいます。したがって俯瞰して自分の位置を把握することはできません。その結果、簡易な地図を使いながらも、この指南書で採用されているような、地形や構造物を目印に進むリニア（線形的）な位置の把握や方向確認がとられていました。つまり、灯台一つの情報だけでなく、海岸地形、水面下の地形や木々の生え方、海流や遠くの山の形など、自然環境を十全に把握する力が必要とされていたわけです。この指南書には関門海峡に限らず、アジア各所のそうした知見が事細かに詰め込まれています。その情報を利用する船乗りたちは、単に灯台からの位置を把握する力を持っていただけではなく、自分の空間的な位置を総合的に把握・理解することのできる優れた観察眼の持ち主だったと言うことができます。

さて、こうして白洲を無事に迂回して関門海峡を通過した船は神戸を経由した後、和歌山沖を抜けて太平洋に出て、横浜を目指しました。先に少しだけ触れましたが、その航路にも和田岬灯台や友ヶ島灯台、神子元島灯台など、たくさんの重要な灯台が一八七〇年代に建設されています。これらに支えられ、横浜へ船は進んでいきました。

横浜・サンフランシスコを結ぶ航路

最後に日本の東側の横浜・サンフランシスコ間の航路に目を向けてみましょう。この横浜から伸びる東向きの航路が辿り着くのは、アメリカ西海岸の港町サンフランシスコです。アメリカ西海岸では、一九世紀半ばのゴールドラッシュを契機に続々と灯台が点灯していました。ゴールドラッシュはアメリカの東海岸から西海岸へ向けた人々の大移動を引き起こしましたが、初期は大陸横断鉄道が整備されておらず、人々は船でサンフランシスコを目指しました。そうした理由で、アメリカ大陸の西海岸の灯台の起源の多くは、ゴールドラッシュにあります。横浜・サンフランシスコ航路の終着地サンフランシスコに建つ、西海岸で最も古い灯台の一つであるアルカトラズ灯台（21）も、同じ経緯で一八五四年に点灯しました[*21]。この灯台の形は、それ以後に建てられた西海岸

21

アルカトラズ灯台：アメリカ国立公文書館 26-LG-63-2 (https://research.archives.gov/id/7682782?q=*:*)

の多くの灯台のモデルとなったようで、例えばロサンゼルスの南のメキシコ国境の町サンディエゴに建つ、ポイント・ロマ灯台（一八五五年点灯㉒）のデザインは、アルカトラズ灯台に酷似しています。

そのサンフランシスコを始点にして、一八六七年、アメリカ・パシフィック・メイル社による横浜経由での中国・香港へ向けた定期国際航路が始まりました。右記で述べてきたブラントン地図に描かれているのは、この横浜・サンフランシスコ航路であり、その航路上に一八七〇年に点灯を開始したのが野島埼灯台でした。また、一八七四年には先に述べた犬吠埼灯台が点灯しています。前者の野島埼灯台は、「米国桑港等ヨリ横浜港ニ入ル船舶大抵野島埼ヲ以テ目標ト為ス然レトモ其西ニ布良暗礁アリ又其近傍ニ岬角参差対列ス此等ヲ誤認セサラシムルカ為メニ此灯台ヲ設クルナリ」とあるように、[*22] 明治の初期において、アメリカ船がサンフランシスコから横浜に向けて近づいた際に、目標としたものでした。私は以前、ある大型客船の船長にインタビューをしたことがありますが、嵐の夜に海原を航海してきて、最後にようやく彼方の陸地に灯台の光を認めると、やはりほっとするとおっしゃっていました。現代の大型船の船長でさえ安心するのですから、一九世紀の暗黒の太平洋を横断してきた船乗りたちであれば、灯台を見たその安堵はいかばかりでしょうか。こうして、ゴールドラッシュを契機に一足早くアメリカ西海岸に建てられていた灯台と、明治維新直後に建てられた灯台が、太平洋を結ぶ航路を互いに結び合わせたわけです。

＊21 J. Candace Clifford & Mary Louise Clifford, *Nineteenth Century Lights*, Cypress Communications, 2000, p.103.

22 ポイント・ロマ灯台

＊22 『工部統計志』灯台之部、工部省、一八八四年、一五七頁。

以上のように、香港から横浜、上海から関門海峡を通過して横浜、そして横浜からサンフランシスコといった航路を駆け足で見てきました。一八五〇年代に造られたアメリカ西海岸のいくつもの灯台、そして一八六〇年代に中国の開港地付近で建てられた多くの灯台、それらにさらに一八六七年の明治維新後にブラントンらによって建設された日本の灯台が加わることで、アメリカ西海岸と日本、そして中国といった太平洋を結ぶ航路が整備されたことが分かったと思います。

海の近代化を導いた国際公共財としての灯台

ところで、明治日本の文明開化は、日本が欧米へと繋がったことであり、近代化することは西洋化することと同じ意味として、いまだに用いられるふしがあります。しかし航路の整備をみると、単に日本一国が努力して、欧米とダイレクトに繋がったのではないことが分かります。日本のみならず、中国やアメリカの各地域に灯台が建っていくことで、航路がより安全なものとなっていったのです。お雇い外国人ブラントンによる一八七〇年代の灯台建設に対して、日本人の多くは明治政府の近代化事業として誇りに思うと同時に、イギリス帝国に感謝しています。しかしこの事業を高く評価しすぎると、日本をとりまく地域で光を灯した灯台の重要性や、それに尽力した様々な人々や地域の歴史を見過ごすことになるでしょう。灯台は一つでは不十分です。いくつもの灯台が連携し合って航路が生まれることを考えれば、それらは国際公共財として考えるべきです。そうだとすれば、日本はもちろんアジアの各地で、千差万別の歴史を背負った灯台・灯明台が相互に繋がっていくことで、一九世紀の国際社会が胎動し、成長を遂げていったわけです。岩松助左衛門からブラントンにバトンタッチされた白洲灯台の建設も、日本の近代化といった狭隘な文脈ではなく、東アジアや太平洋を結ぶ壮大な航路建設という観点から、見つめ直す必要があるのではないでしょうか。私は一九世紀を生きた人々の、この壮大な灯台の建設事業を、海の近代化と呼んでみたいと思っています。

第3章　帝国主義と戦争

アジア・太平洋地域の灯台

本章はアジアの海を対象に、点灯した灯台の数やその時期に関する分析から始めたいと思います。

日本の海軍省水路部により編まれた『東洋灯台表』という古い灯台の一覧表があります。[*23] 私の手もとにある一九二四年、一九二五年に出版された同表を見

*23 水路部編『東洋灯台表』上巻・下巻、水路部、一九二四年、一九二五年

ると、灯火を持つ一八一八基の「灯台・挂灯立標・挂灯浮標」、灯火を持たない八三基の「立標」、一二三基の「浮標」、三一基の「船舶出入港標識」が航路標識として掲載されています。それらについては、名称、種類、位置、経緯度、灯質、光達距離、明弧、灯高（水面からの高さ、基礎からの高さ）、燭光数および等級、構造、霧警号、初点灯年、記事（備考）、通し番号に関する情報が一覧になっています。また、掲載されている灯台の地理的な広がりは、東西は現在のミャンマーからハワイまで、南北はインドネシアからカムチャツカ半島までの海域で、非常に広大です。これを用いれば、どの航路標識がいつ点灯したのかということを一括して把握できるため、魅力的な資料と言えます。ここでは上記のエリアをアジア・太平洋地域と便宜上名づけ、同表内で灯台と表記されたものだけを扱うことにします。また時代については、日本が一応西欧と比肩しうる近代化を遂げ、またアジアにおける帝国主義的な分割が完成した時期、すなわち第一次世界大戦が終わる一九一九年までを考えることにしましょう。

まず、点灯年と位置が判別できたものに限って数え上げると、最も古い一八四九年から一九一九年までの間に

図10　アジア・太平洋における年毎の灯台点灯数と累計数

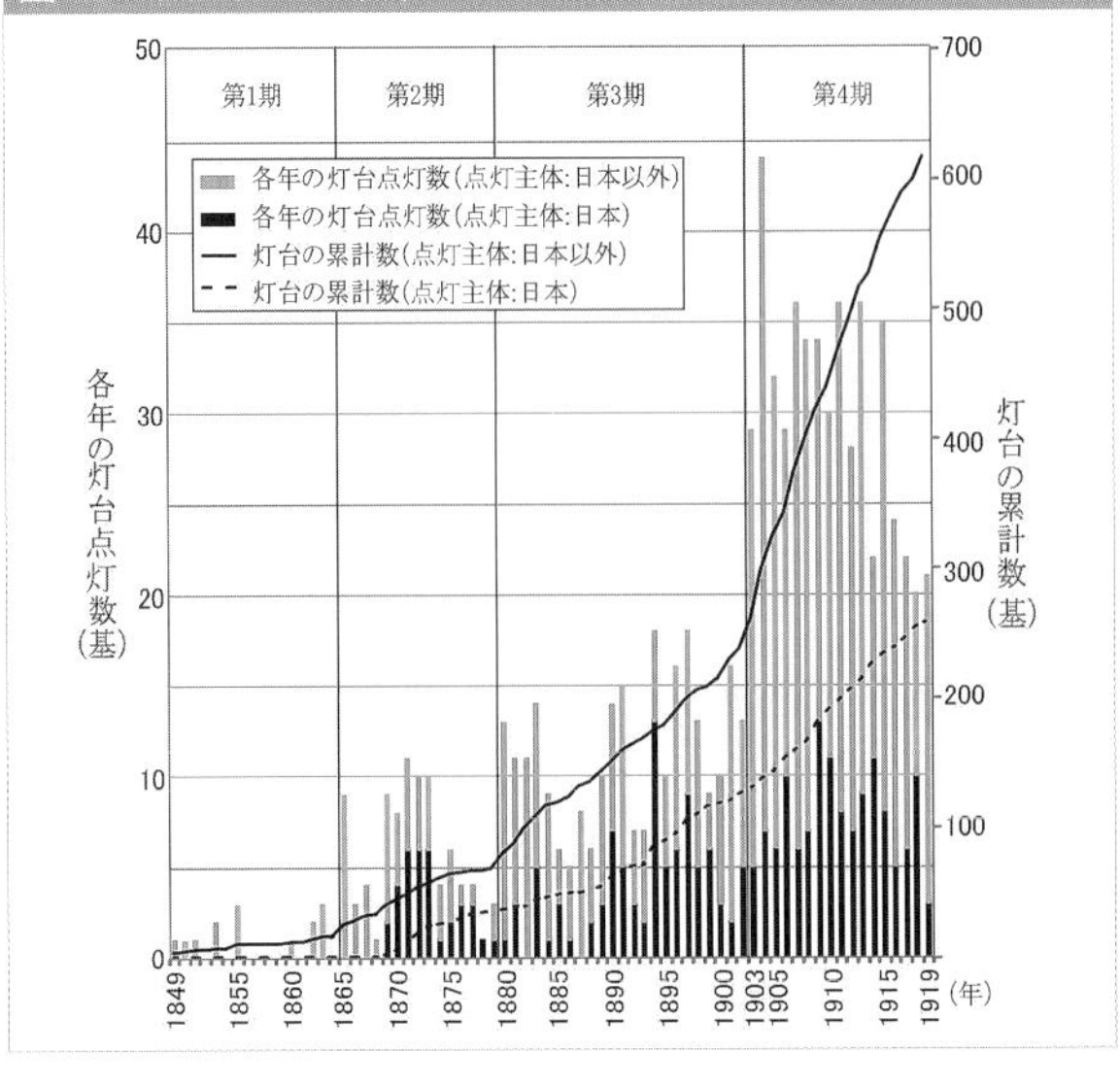

点灯した灯台は、八七二基にのぼることが分かります。[*24] この八七二基の灯台について、年毎の点灯数と累計数を点灯させた主体別に集計したものが図10です。特に点灯させた主体が日本であると判断できた灯台は、旧日本植民地である朝鮮や台湾等を含めて二五七基もありました。前章で述べたように、日本のみを強調することには注意せねばなりませんが、海上の安全性を提供する上で、日本が大きな貢献をしたといってもいいでしょう。

次に、八七二基の灯台を、点灯した年毎に数えてみると、グラフの傾きがどんどん急になっていることから、時代が下るにしたがって、より多くの灯台が点灯していったことが分かります（図10内の実線のグラフ参照）。この傾きの変化するところを、灯台から見たアジアの海の変化点とみなして、四つの時代に分けてみました。一八四九年〜一八六四年、一八六五年〜一八七九年、一八八〇年〜一九〇二年、一九〇三年〜一九一九年の四期間です。順次簡単に状況を見ていくこととしましょう。

＊24
これがすべての灯台ではないことに注意。あくまで一覧表からの計測であり、なおかつ同資料には多くの間違いが含まれている。間違いを見つけ次第、私は細かく修正しているが、それでも誤差は含まれている。

23

バタヴィアの灯台：一八六三年に点灯したものと思われる。一八七〇年頃の写真。Scott Merrillees, *Batavia: In the Nineteenth Century Photograph*, Editions Didier Millet, 2007, p. 21.

西洋式灯台の点灯が始まった場所

まず、第一期目の一八四九年から一八六四年の間に点灯した灯台は全部で一四基あり、そのうち一一基が東南アジアにありました。ジャワのバタヴィア（現・ジャカルタ㉓）、フィリピンのマニラ付近のほか、マラッカ海峡両岸に特に多く点灯しており、三基の灯台がシンガポール付近（㉔）に点灯しました。東南アジア以外では、カムチャツカ半島ペトロパブロフスク・カムチャツキーのダルニー・ポイント灯台（一八五〇年点灯）、間宮海峡のクロスター・カンプ灯台（一八六〇年点灯）、厦門の大擔島灯台（一八六三年点灯）があります。この時期の東南アジアにおいて灯台が点灯した場所はいずれも大航海時代から重要な港であったり、航路の要衝だったりしたところですし、北方のペトロパブロフスク・カムチャツキーは、ウラジオストクを獲得する以前のロシアが、北東アジア進出の拠点としていた場所でした。当然ですが、灯台の点灯が始まった多くの場所は、歴史的、政治経済的に欧米列強と強い関係を持つ場所だったことが分かります。

24

アジア・太平洋で最も古い灯台の一つ、シンガポール沖のホースバーグ灯台。J.T. Thomson, "Account of the Horsburgh Lighthouse", *Journal of the Indian Archipelago*, Singapore, 1852 口絵

東アジアへの列強進出

第二期、すなわち一八六五年から一八七九年の時期をみると、八七基の灯台が点灯しています。第一期に引き続き東南アジアで灯台の点灯が進む一方、東アジアで灯台の点灯が本格化したことがこの時期の特徴です。点灯した八七基の灯台のうち東アジアで点灯したものは五四基あり、この内訳は中国が一九基、日本が三五基でした。具体的な灯台をいくつかあげると、中国では一八六五年に上海の呉淞、寧波の虎蹲島と七里嶼、澳門のギア灯台（25）、一八六七年に煙台の崆峒島、一八六九年に杭州湾の大戢山島に灯台が点灯しました。一八七〇年代も、杭州湾の花鳥山島と佘山島を皮切りに、一八七二年から一八七三年には福州の近辺の島々、一八七五年から一八七六年には香港にそれぞれ灯台が点灯しました。いずれも列強諸国が貿易にやってくる開港場であったことから、中国の灯台建設は開港地を中心として進んだことが分かります。また、こうした計画の背後には、中国における海上貿易の税関収入を管理する海関総税務司でイギリス人のR・ハート（一八三五〜一九一一）らがいたことが近年分かってきています。*25

一方、日本で最も早く点灯した灯台は、東京湾入り口の観音埼灯台（一八六九年）、房総半島先端の野島埼灯台（一八七〇年）でした。これら二つの灯

25

マカオのギア灯台

*25
R. Bickers, *The Scramble for China*, Penguin Books, 2011, p. 270. また、海関と列強の関係については、加藤祐三『東洋の近代』朝日新聞社、一九七七年、三五〜五三頁。

台、およびその後建設された品川灯台や城ヶ島灯台は、フランス人F・L・ヴェルニー（一八三七〜一九〇八）によって、開港場の横浜周辺や東京湾に向かう要衝に建設されました。しかしその後の日本における灯台建設は、イギリス公使H・パークス（一八二八〜一八八五）の下で、先に紹介したイギリス人お雇い外国人ブラントンに任されて進みました。このように中国と同様にイギリス人らの強い影響やリードがあったとはいえ、中国に比べると開港場から遠く離れた場所にも灯台が多く建設されていることが、日本の特徴です。航路上に危険な場所が多かったことも理由にあると思いますが、日本政府が灯台建設を主体的な近代化事業の柱の一つとして、中央集権的に進めたことにも理由があると思われます。前章で見たように、こうした中国、日本の灯台の点灯によって、太平洋を結ぶ航路が整備されていきました。

近代国家日本の輪郭としての灯台

次に、第三期の一八八〇年から一九〇二年を見てみましょう。図10からも分かるように、点灯数には年度毎に波があるものの、累積数は一定の割合で増加し、総計二五九基の灯台が点灯しました。この時期の灯台に関して興味深いのは、「防波堤」や「桟橋」付近に点灯した灯台が多い点です。記載情報の中で、防波堤や桟橋の付近であることが明示されている灯台は、第一期には一五基中ジャワのバタヴィアにある灯台一基のみ（㉓参照）、第二期には八七基中ジャワとスマトラに各一基のみでしたが、第三期には、一八八〇年のジャワのバタヴィア西防波堤端の灯台、一八八一年のジャワのスラバヤ東防波堤と西防波堤灯台、一八八四年のフィリピンのイロイロ川河口南側突堤端の灯台、そして日本でも一八九六年の横浜北水堤灯台など、数多く見ることができます。具体的な記載がないものでも、同様の条件で建設されていると推定できるものが第三期には多くあり、港などの人工物の上やその付近に建設された灯台が明らかに増加しています。これらのことは、航路の充実のために灯台の点灯が進んだことに加えて、港湾の近代化、巨大化によって各港に必要とされる灯台数が増加し、複数の灯台を持つ港が増えていったことが、その理由であると思われます。

ところで、日本では第三期内に九〇基の灯台が点灯しました。このうち約三割にあたる二六基の灯台が、北海道および樺太で稼働しています。特に一八八〇年代の後半から同地域で急増しており、この時期に北海道および樺太で本格的な灯台の点灯が始まったことが分かります。

北海道や樺太の灯台整備を通じて行われたのは、日本国内の航路網の整備でした。北海道道庁設置直前の一八八五年に、国が日本郵船に宛てた北海道関連の航路命令を見ると、（1）横浜―萩の浜―函館（週二回）、（2）函館―根室（不定期）、（3）函館―小樽（一八八六年より四日に一回）、（4）函館―青森―室蘭（毎日）、（5）神戸―尾道―下関―境―敦賀―伏木―直江津―新潟―酒田―土崎―函館―小樽（毎週一回、ただし冬期は風浪不穏の時節は直江津、新潟、酒田、土崎の寄港をやめ、佐渡、舟川に寄港）、（6）小樽―増毛―礼文―利尻―宗谷（小樽―増毛間は四月～一〇月は毎月五回、一一月～三月毎月四回、その他は四月～一〇月毎月二回、一一月～三月毎月一回）、（7）根室より国後諸島・択捉・北見地方（毎月四回）の七線があったことが分かります。[*26] 日本の逓信省の記録でも「（一八九〇年頃は）近時北海道地方ニ於テハ開拓殖民ノ業大ニ進ミ物資ノ運輸亦盛ニシテ随テ船舶ノ来往頗ニ頻繁ニ赴キ灯標ヲ設クルノ必要倍相迫レリ」とあるように、[*27] 人、物資の輸送の拡大に伴って、航路の安全性を確保するために、灯台が点灯していったことが分かります。北海道の植民地開発の本格化と灯台の点灯は、軌を一にしているのです。

また、同じ時期に新たに灯台の点灯が始まった場所として、南西諸島や台湾もあげられます。この時期の南西諸島には、津堅島灯台（一八九六年）、屋久島灯台（一八九七年）、三重城灯台（一九〇〇年）など、六基の灯台が点灯しました。日清戦争後の台湾でも、鼻頭角灯台や富基角灯台（一八九七年）、基隆灯台（一九〇〇年）などが点灯しています。台湾は日清戦争後に日本の植民地となり、一八九六年には台湾総督府から大阪商船株式会社に台湾定期航路が交付されています。北海道と同様、沖縄や台湾の灯台整備も日本からの航路整備と連動していたと考えられます。

＊26 財団法人日本経営史研究所『日本郵船株式会社百年史』日本郵船株式会社、一九八八年、一三八～一四〇頁。

＊27 『逓信省第三年報』逓信省、一八九一年、一二〇頁。

このように第三期は、東南アジアや東アジアの海域全体で港湾の近代化、巨大化に伴う新たな灯台の点灯が進みました。そして日本では、北海道、南西諸島、台湾等の周辺地域を、東京や大阪といった経済的中心地と結びつける国内航路の整備が進み、そのための灯台が北海道や沖縄、台湾といった新しい日本の植民地に点灯していったのです。日本という近代国家の輪郭がまさしく灯台によって照らし出され、包摂されていったと考えられます。

日露戦争と灯台

第四期の一九〇三年から一九一九年には、新たに五一二基の灯台が点灯しました。第四期には当該地域の広い範囲で灯台が点灯しましたが、見逃せない特徴は、図11から分かるように、フィリピンと朝鮮で灯台の点灯数が急増していることです。特に朝鮮にはそれまで一基も灯台がありませんでしたが、第四期だけで五九基の灯台が点灯しました。これらの灯台は誰がどのように建てたのでしょうか。詳しく見てみたいと思います。

朝鮮半島における灯台は、仁川沖に一九〇三年に点灯した八尾島灯台、小月

図11　地域別累計点灯数

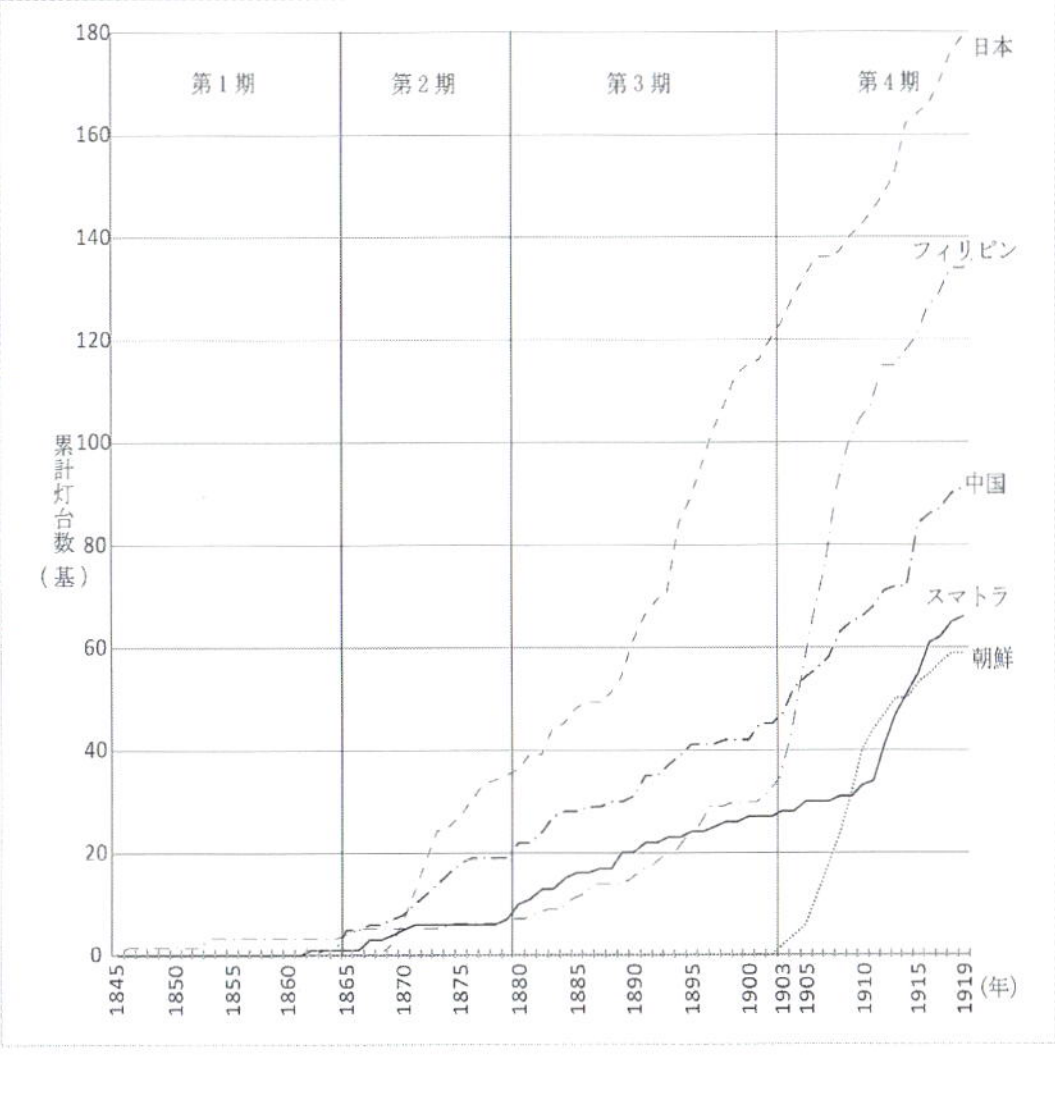

尾島灯台から始まります。一九〇四年には蔦島灯台、大和島灯台、一九〇五年には巨文島灯台、七発島灯台が点灯しました。このうちの大和島灯台、巨文島灯台、七発島灯台は、日本政府の灯台建設技師が戦争遂行上の利便のために、韓国政府の海関業務を取り仕切っていたイギリス人総税務司宛てに建設を希望したことが、日本の航路標識管理所の年報記録に残っています。[*28]

一九〇四年、〇五年の戦争といえば、日露戦争ですね。日露戦争は日本海海戦という大きな海戦で象徴されるように、海の上で覇権がぶつかりあう戦争でした。以下では、第四期の中でも日露戦争を通した朝鮮半島における灯台建設の様子をまず読み解き、次に日露戦争後から第一次世界大戦後までの同地域の状況を見ていくことにします。資料は断りのない限り、前述の『航路標識管理所第三年報』を使います。

日露戦争が始まった一九〇四年二月に、朝鮮半島の仁川に日本の第一軍一万四〇〇〇人の兵士が上陸を始めました。三月には第一軍の主力が鴨緑江を目指して北進を開始。そして平壌の西にある港町・鎮南浦付近にさらに二個師団が上陸し、鴨緑江南岸の義州に集結しました。そして、四月三〇日からは鴨緑江の渡河作戦が開始され、海軍の砲艦や水雷艇が鴨緑江を遡上して、対岸のロシア陣地へと艦砲射撃を加えます。

これとほとんど同じ時期に、日本の灯台建設技師である石橋絢彦(一八五三〜一九三二)が大本営嘱託となり、朝鮮へと派遣されることとなりました。

*28 『航路標識管理所第三年報』航路標識管理所、一九一一年、付録一。

「鴨緑江ニ航路標識設置ノ為メ約三ヶ月間ノ予定ヲ以テ」派遣されたのです。石橋は、東京帝国大学の前身である工部大学校の土木科を一八七九年に卒業した後、本場イギリスに留学し、イギリスの灯台建設技師長の指導を受け、さらには欧米各国を視察して回った経験のある技術者でした。日清戦争では台湾や朝鮮半島沿岸を調査してまわっています。灯台建設のエキスパートであるだけでなく、戦争の中で調査や建設を臨機応変に遂行できる、極めて高い能力をもった技術者でした。彼の行動を中心に日露戦争における日本の灯台建設を追ってみましょう。

石橋は一九〇四年四月一六日に命を受けると、朝鮮に急行します。そして五月四日には仁川に上陸し、朝鮮における灯台建設・管理業務に責任を持つ海関総税務司のイギリス人M・ブラウンに面会して、日本が朝鮮沿岸に戦争遂行のために灯台をはじめとする航路標識を建設することを伝えました。そして朝鮮政府の灯台機材を使って建設計画を実行します。石橋は以前、朝鮮政府内の灯台建設のための専門組織である海関灯台局で、ブラウンとともに朝鮮半島全体の灯台建設計画を立てた経験がありました。したがって朝鮮にどのような灯台の機材がどれだけあり、どの位置の灯台が最も重要であるかなどは、知り抜いていたはずです。ブラウンはあくまで朝鮮側に雇われていたため、こうした強引な日本のやり方を好ましいとは思っていなかったと思われますが、最終的に石橋とブラウンの会談は日本側に有利な結果となったと資料には記されています。

北進に向けた鴨緑江河口・大和島灯台の建設

さて、石橋が提示した灯台建設案は、複数の航路標識の建設計画からなっていました。この中で、最も高い優先順位で提示されたのが、大和島灯台です。これは「大本営ニ於テ鴨緑江ノ輸送ニ便スル為メ」に建設が決定されたものでした。大和島は中国東北地方（旧満洲）と朝鮮の間を流れる大河・鴨緑江の河口の南西五〇キロメートル付近にあり、戦争の数年前にはロシアが小規模な基地を造って緊張が高まった地域（龍岩浦）に近いところです（図12）。日本にとって「満洲の地に第一歩を印せんとするに方り、他に適當なる上陸地点を得ざる場合は、是非とも鴨緑江の水路に依り軍の上陸を決行するの外、他に途なしとし、同水路に於ける実権を我に掌握」することが必要とされていました。[*29] 鴨緑江河口の龍岩浦付近は、日本軍の物資や兵士を上陸させるための戦略上非常に重要な地点であり、だからこそ最初に灯台建設が計画されたと考えられます。それではどのように建設が進んだのでしょうか。

まず石橋は「萬事迅速ヲ主トシ日夜事ニ従ヒ」、五月二五日にはもう建築材料を積み込んで、技手や局員および通訳と職工三十九名とともに大和島に出発します。彼は灯台の機材を大和島に荷揚げするために、日本軍司令部に船舶を

*29 松本重威編『男爵目賀田種太郎』故目賀田男爵伝記編纂会、一九三八年、四七九頁。

用意しておくことを事前に依頼していましたが、到着後に船が揃えられていないことが発覚します。石橋はやむを得ず五月二八日の朝早く、漁をしていた朝鮮人たちの漁船に船を寄せ、「漁舟四艘ヲ強要シテ荷揚ニ着手」し、二九日中には大和島に荷揚げを終えました。「強要」という言葉からは、普通に生活をしていた朝鮮人の漁民たちが、力を背景にして一方的に協力させられた様子が想像できます。そして石橋らは、灯台の建設位置を定め、通路を開鑿し、灯台とその看守が住む官舎の敷地を削平、

図 12　日露戦争と灯台

建築に着手しました。こうして早くも一週間後の六月七日夜には光が灯り、灯台が機能し始めました。

もちろんこの間にも戦局は刻々と変化し、日本軍の第二軍先遣隊が遼東半島に上陸、独立第一〇師団も大孤山付近に上陸し、石橋たちが灯台建設を開始した五月三〇日には大連を占領しています。石橋はその間も大和島灯台と龍岩浦の間を何度も往復し、機材を運んだり、灯台の調整を行ったりしていました。

ここで建設された大和島灯台やその看守が住む官舎は、いずれも素早く施工できる木造の建物となっており、緊迫した戦時下で迅速な建設が要求されたと判断できます。他方でこの付近は冬季になると海が氷結するほど寒い地域であり、木造の官舎は大変頼りないものでもありました。つまり大和島灯台は恒久的な施設ではなく、戦争に向けて素早く建てられた、仮設的なものだったと考えられます。

求められた臨機応変な建設

次に、大和島灯台につづく七発島灯台、巨文島灯台の建設も見てみましょう（図12参照）。七発島灯台は開戦後の石橋とブラウンとの会見の中で建設が決定したもので、朝鮮半島南西の都市・木浦の西約五〇キロメートルに位置しています。ここは、首都漢城（現・ソウル）の外港である仁川と南部の大都市・釜山を往復する船舶や、あるいはその間にある群山や木浦という米や綿花の集散都市を行き来する船にとって、重要な場所でした。加えて日露戦争においても「御用船ノ此付近ヲ往復スルモノ頗ル多」い場所であり、兵站輸送の要地となっていました。

先の大和島灯台を建設した石橋は、八月八日に再びブラウンと会談し、いくつかの灯台建設地点をあげ、建設を前提としたその地の測量の許可を得ました。しかしながら測量をしてみると、候補地のひとつであった梅加島に関しては適当な建設場所を見つけられず、建設を諦めてしまいます。そしてその機材を使って代わりに七発島に灯台を建設することを石橋はブラウンに提案し、同意を得ます。この仁川における石橋とブラウンの会談二日後の八月一〇日には、日本の連合艦隊とロシアの旅順艦隊が黄海で海戦、一四日にはウラジオストク艦隊と日本の第二艦隊が蔚山沖で海戦を行うなど、海上では実際に闘いが起こっており、極度に緊迫した状況の中での灯台建設でした。

この中で石橋は技手一人を従えて、九月末に七発島に上陸。その後おそらく大まかな建設計画を技手に示して、一〇月七日に島を一時離れました。そして二七日に再び石橋が七発島に戻ってみると、冬が近づいて風濤が厳しいために、七発島の工事が思うように進んでいないことが判明します。ここで石橋は工事を中止し、建設中だったもう一つの戦略的要地である巨文島灯台に注力することを素早く決め、七発島の技手を連れて同島に移動し、一一月一一日には巨文島の灯台建設を開始しました。

この巨文島灯台は「煉瓦、石、鉄混造」で、煉瓦造の官舎や貯水池、木造の倉庫などを備えたものでした。資料には「日韓職工ヲ使役」したとありますが、具体的な建設の様子はよく分かりません。ただし、ほとんど同じ時期に建てられていた済州島付近の牛島灯竿（灯台と比較すると簡易な航路標識）に関する次のような記録があります。

本灯竿ハ三十七年（筆者注：一九〇四年）十二月二十五日木材切組等ニ着手シ翌年一月十五日蔚埼灯竿（筆者注：朝鮮蔚山港に配備された灯竿）材料ト同時ニ御用船酒田丸ニ搭載シ工事監督タル技手田中頼一並ニ職工乗組ミ同月十七日出帆途中田中技手ハ呉鎮守府ニ至リ工事人夫二十余名ヲ乗船セシメ門司蔚埼ヲ経テ同月二十四日着島直ニ測量ヲ遂ケ（中略）（筆者注：一九〇五年二月）二十六日之カ全部完成ヲ告ケ（中略）呉港ニ於テ雇入ノ人夫ヲ解雇上陸セシメ……

もちろん朝鮮においても建材を集めたでしょうし、現場では通訳などに頼って足りない人夫やその他の交渉を行ったと考えられますが、ここで述べられているように、多くの現場で工事の迅速を期すためにも、日本本国で材料から人夫まで一通り準備し、現場に向かっていたと思われます。

こうして、先の石橋らによる巨文島の灯台は、建設を始めてたった四日で仮点灯を始め、一九〇五年四月一二日に三等紅白閃光灯を配備し本点灯しました。しかし石橋らは息つく暇もなく、大急ぎで途中で止めていた七発島の工事に再度向かいます。同島は「岩石七基海上ニ抽出」していたために七発島と呼ばれた無人島です。そのため、一九〇四年一〇月に工事が始まった際には飲料水の確保のために、先に近くの島に貯水池を設けることから工事を開始していました。しかも工夫が寝泊りする場所すら確保できず、はじめは船内で寝起きしました。そして「火薬ヲ以テ岩石ヲ破砕シ官舎灯台ノ道ヲ開キ道路ヲ作リ仮車道ヲ作ツテ荷揚ノ準備ヲナシタ」けれども、適当な波止場を見つけることができず、一一月に至って波風が激しくなり工事を中断していたわけです。一九〇五年五月一三日から再び工事を開始した石橋たちは、一五日には仮点灯を行うことができ、なんとか航路標識としての最低限度の機能を持たせることに成功します。この灯台の工事は、日露戦争が一九〇五年九月に講和を迎えても本点灯に向けて継続され、その中で職工の間に脚気患者が続発し、人員の入れ替えなどに「障害続出シ施工上困難ヲ極メ」ました。しかも、石橋に現場の指揮を任されていた日本人技手の一人は赤痢を発症し、一九〇五年一二月に死亡しています。絶海の孤島における工事では、「飲料水スラ得難キ難場所ニシテ就業上此風土病ニ冒サレ」たのであり、脚気のようなビタミン不足や、飲料水の不足、そして赤痢のような恐ろしい病まで、様々な要因で工夫や技術者たちは苦しめられたのです。

ところで、戦時において前述のようなギリギリの建設を進めていくと、灯台の点灯ができない、あるいはその点灯が間に合わない可能性も当然ながら出て来ました。一九〇五年一月、焦った石橋は大胆な提案をしています。

五ヶ所灯台ヲ建築スルニアラサレハ軍ノ行動上不便少ナカラサルニヨリ灯台ヲ建設シ得サルモノトセハ右数所ニ篝火ヲ挙クヘシ

つまり、軍の行動に支障が出るため、灯台の建設ができないならば、近世や中世のように篝火を焚こうというのです。石橋は日本の内地における灯台建設の様々な現場で、近世以前の篝火や烽火の痕跡を観察していましたし、朝鮮半島においても仁川や龍岩浦の付近で、まだ使われていた烽火の墟を確認していたと考えられます[*30]（26）。前章までで述べましたが、海難の起こる場所というのは、近代になっていきなり現れたのではなく、近世以前から危険が認識され、なんらかの航路標識が建っている場合が多くありました。石橋は技術者の視点でそうした施設を抜け目なく観察し、原始的とはいえ航路標識として役立つということを理解していたのでしょう。こうして実際に、ある島で篝火をあげようという話になりましたが、戦時下のその場所で篝火を焚くためには石炭の購入や輸送に関する費用や労力が莫大であることが判明し、最終的には断念

26

巨済島の烽火跡。朝鮮半島には、近世以前に築かれた多くの烽火の跡が現在も残っている。

*30
石橋絢彦「航路標識沿革」、『工学会誌』第四〇五巻、工学会、一九一七年、一九〇頁。

されました。その代わり、仁川海関が外国人商人から預かっていたレンズがあることを耳にした石橋らは、それを早速購入し、その島で簡易な航路標識である灯干を造り、一九〇五年五月一二日からとりあえず点灯を開始しました。この日からわずか二週間後の五月二七日に、朝鮮半島南部の鎮海湾から日本軍の連合艦隊は出撃し、対馬の西の海域で日本海海戦が勃発します。日露の勝敗を決する大海戦が始まるギリギリまで、石橋たちは灯台を建て続けたのでした。

考えてみれば石橋は、工部大学校を出てイギリスで学び、日清戦争も経験した、極めて優秀で百戦錬磨の技術者であり、だからこそこの難局に対応できたのでしょう。しかし、そうした稀有な技術者としての彼の才能を認める程、彼一人の肩にかかっていた責任の大きさに私は身震いしてしまいます。石橋自身も述べているように灯台がなければ、「軍ノ行動上不便少ナカラサル」状況に陥りかねなかったことを考えると、日本は極めて危ない橋を渡ったのです。また、戦時下の灯台の建設は当時の朝鮮側の「協力」なしでは不可能でした。こうした様々な経緯があったにもかかわらず日露戦争の後、国民は沸き返り、その勝利は歴史的な大事件として喧伝されていきました。そして日本は朝鮮半島の植民地経営へと急速に舵を切っていきます。

朝鮮半島の植民地経営に向けて

日露戦争後の朝鮮半島における灯台建設も、簡単に見ておきましょう。日露戦争後、日本は朝鮮を保護国とし、伊藤博文を派遣して統監府を置きました。そして政治的介入を強めた日本は、朝鮮における灯台建設を統轄していたイギリス人総税務司ブラウンを退け、日本人の目賀田種太郎を総税務司、韓国財政顧問として送り込み、その下に日本の航路標識管理所に所属する灯台建設技術者を派遣しました。つまり朝鮮半島の灯台建設を基本的に日本の統制下に置いたのです。海関総税務司を置くという制度は、列強が主導した清における海関制度にならったものですが、日本はこうした欧米列強のアジアにおける足がかりを利用し、それをのっとっていく形で、灯台建設の主導権を朝鮮側から奪い、確立していったのです。

さて目賀田は、一九〇六年に朝鮮の海関で税収入として貯蓄されていた資金の一部を使い、五ヵ年継続事業として「全岸を九航路に別ち灯標三十五、霧警号七、浮標四十九を要所に配置すること」としました。[*31] このために、目賀田側の記録によれば、「巧遅よりも拙速を尚ぶ」という方針の下、「工事は請負に依らず、可及的灯台局の直営とし、仁川に工事場を設け、工夫、材料、糧食等、悉く仁川に於て準備し、随時現場に向つて発送」しました。[*32] このことについ

＊31 島重治「朝鮮航路標識事業報告」、『工学会誌』第三四七巻、工学会事務所、一九一二年、六〜七頁。

＊32 松本重威編『男爵目賀田種太郎』故目賀田男爵伝記編纂会、一九三八年、四七六頁。

表２　朝鮮半島の灯台の点灯数と構造材

		木造	鉄造	コンクリート	レンガ	石造	その他	合計
1903 - 1905	朝鮮	1	0	0	2	1	1	5
	帝国（朝鮮除く）	2	4	1	0	6	0	13
1906 - 1910	朝鮮	0	4	26	4	0	0	34
	帝国（朝鮮除く）	0	4	2	3	2	0	11
1911 - 1919	朝鮮	0	2	6	11	0	0	19
	帝国（朝鮮除く）	2	15	25	3	3	0	48

て、一九〇八年から朝鮮における灯台局を指揮して、目賀田の計画全体の具体化に携わり、後に朝鮮海関灯台局局長を務めた技師・島重治は次のように述べています。

灯台及付属建物は総へて予め仁川に於ける工作場にて斧鉞を加へて仮組立を了へ各種の材料も一旦悉く之を仁川に蒐集し工程に応して順次光済丸及其他の補助船に由りて現場に運搬す故に現場に於ては専ら土工を主とし建築物は之を構成するの労に止む[*33]

つまり仁川において資材や労働者、工程を一括管理して合理的かつ迅速に灯台建設を進めたのです。このことは、点灯した灯台の数にも表れています。『東洋灯台表』をもとに、一九〇三年から一九一九年までの第四期を、日露戦争前の一九〇三年から日露戦争まで（一九〇五年）、一九〇六年から韓国併

27

コンクリートで造られた木浦口灯台

＊33　島重治「朝鮮航路標識事業報告」、『工学会誌』第三四七巻、一九一二年、九頁。

合まで（一九一〇年）、一九一一年以後に分け、それぞれ灯台の構造材と建設主体別に点灯数を示してみます（表2）。このうち韓国を保護国とし、目賀田が灯台建設を主導した一九〇六年から一九一〇年までの時期における点灯数は三四基であり、同時期に日本の他地域で点灯した一一基を大きく凌駕しています。しかも構造材としては三四基中二六基にコンクリートが用いられています㉗。同時期の日本におけるコンクリート灯台の建設数は二基であることと比較すると、その多さは際立っています。

なぜコンクリート灯台がこれほど多く建てられたのでしょうか。日本の航路標識管理所が持っていた当時（一九〇五年）のコンクリートに対する認識は次のようなものでした。

「コンクリート」ハ重量大ニシテ礁上ノ立標等ニ使用スルニ於テ石材ニ優レル点少ナカラス例之石材ノ如ク之ヲ切出スノ労ナク之カ形ヲ作リ之ヲ装整スルノ煩ナク又之ヲ運搬スルニ容易ニシテ且ツ之ヲ動カシ之ヲ打クルニ有力ナル器械ヲ要スルコトナシ*34

つまり、石材に比べて切り出す苦労がなく、形を整えることも容易な上、運搬も簡単であり、それを現場で打つことにも、特別な器械を用いる必要がないというわけです。迅速かつ計画的に施工を進めることができ、現場で集めた非

*34　『航路標識管理所第一年報』航路標識管理所、一九〇五年、一一九頁。

熟練工でも用いることができる点が大きかったと思われます。こうしたコンクリートのメリットが、目賀田の「巧遅より拙速を尚ぶ」方針と合致し、コンクリート灯台の急速な建設がこの時期の朝鮮で進められたわけです（図13）。

　おそらく戦時とは違って、朝鮮人たちも組織的に多数建設に参加したはずですが、工事現場での具体的な様子を記した資料は少なく、日本人が監督者、中国人が石工、朝鮮人が人夫としてセメント樽を運んだという程度のものしか見当たりません。しかし右で見たように、仁川の工場で建材を用意し、仮組み立てまでしていたから、現場ではそれを組みあわせるだけであったと思われます。日本人の監督の下、基礎工事における岩の掘削・切り出しや、灯台に用いる一部の石材施工は中国人が行い、そして予め用意された型枠を組み立てた上で、朝鮮人人夫たちがコンクリートを作って流し込むような作業が行われたのではないでしょうか。日本人人夫を工事に応じて雇い入れて、日本から建設道具や労働力をセットにして持って行った日露戦争時とは異なり、より計画的でシステマティックな管理を行うことで、安価・迅速で、包括的に工事に対応できる施工体制を現地で整えたわけです。

図13　旧冬外串灯台図面

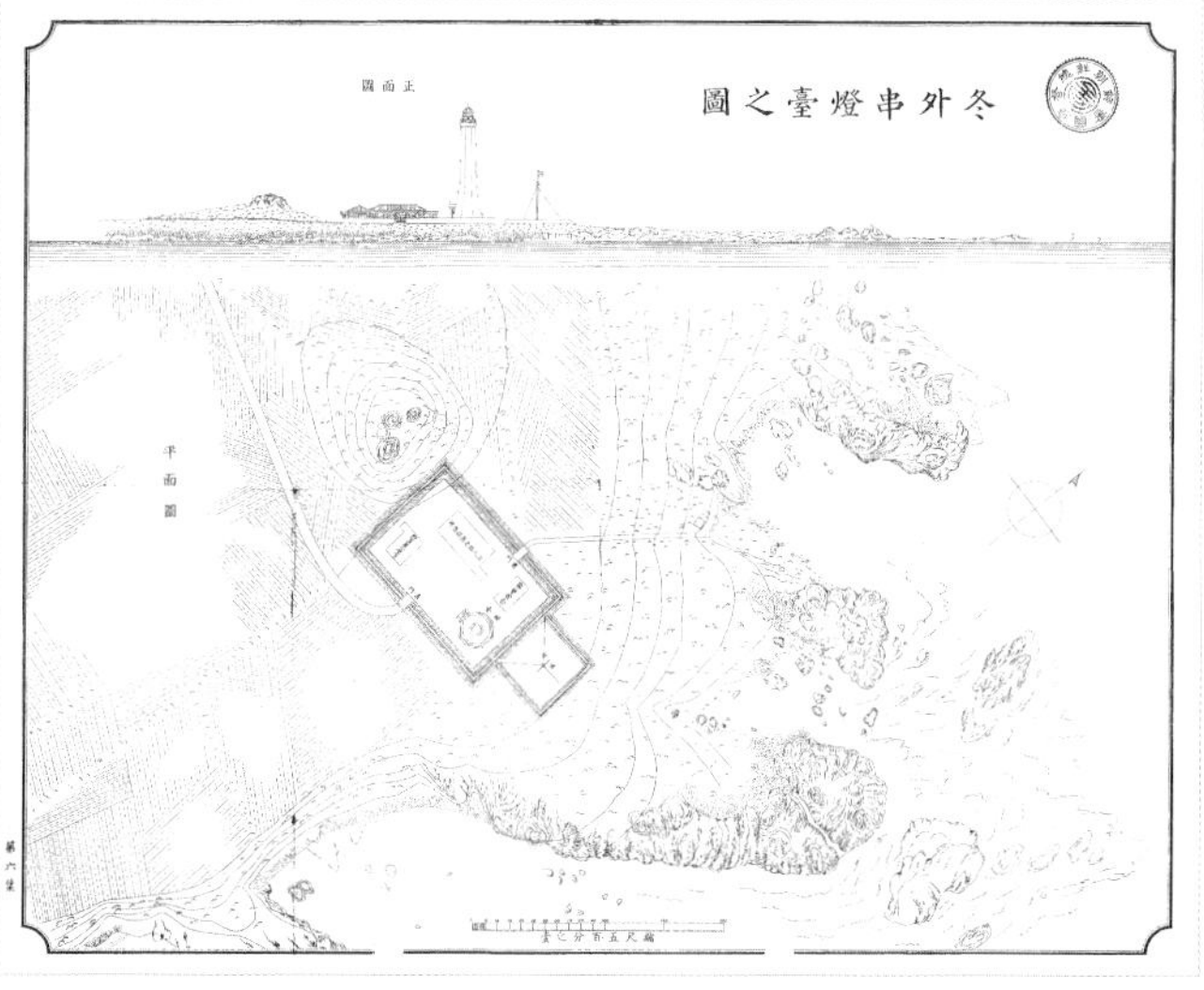

コンクリートを使ってこのような高い灯台も建設された。『韓国灯台局第三年報』韓国灯台局、一九〇九年、巻末第六葉。

アジア・太平洋の灯台の点灯と近代日本

さて、ここまでアジア・太平洋地域の灯台の点灯を、最初期の一八五〇年代から一九一〇年代まで、数や点灯地域の分析を通して考察してきました。マラッカ海峡沿岸やマニラなど、大航海時代から長く欧米と繋がってきた地域では、早い段階で灯台が建設されました。そして一八六〇年代から始まった中国や日本の灯台建設は、開港地間を結ぶ国際航路の建設とともにありました。その後、日本はいち早く近代化を進め、自国内航路の充実などのために多くの灯台を点灯させていきます。北海道や南西諸島を包摂しつつ、日清戦争で台湾を、日露戦争で朝鮮半島を、帝国の版図に組み込んでいきました。特に朝鮮半島では、二〇世紀に入って灯台の点灯数が急増しましたが、最初のきっかけとなったのは、国際・国内航路整備への動機ではなく、日露戦争という北東アジア全域を巻き込んだ帝国主義戦争でした。

その日露戦争において、実際の戦場になったのは朝鮮半島周辺の海でした。そして戦争の勝敗をも決する重要な海のインフラストラクチャーとして、灯台の建設が始まります。その際、日本は朝鮮に対して強い態度で臨み、朝鮮が保有していた灯台の機材を戦争に用い、自分たちの都合のために時に漁民たちの船を強制的に使いながら、戦争に向けた灯台を建設したのでした。しかもその建設は、表向きは朝鮮にいたイギリス人総税務司と折衝しながら、同時に戦局や気候の変化などに迅速かつ臨機応変に対応せねばならず、国際的な手続きとしても、実際の作業としても、極めて難しい業務でした。これに対し、本場イギリスで学び、先進各国の灯台建設技術を理解し、そして通常の業務はもちろん、日清戦争などの戦時における灯台建設を十全に経験していた石橋絢彦が、対応にあたり、かろうじて乗り切ったのです。そして戦後は、日本の技術者が完全に業務を掌握し、朝鮮近海にシステマティックに灯台を建設していきました。灯台は世界の各地をつなぐ公共財としての姿に加え、戦争や植民地支配のための手段としても、はっきりとその姿をアジアに現したのです。

終章　アジアの海の近代化

本書では、灯台という建造物を非文字資料として読み解き、日本を中心としたアジアの海の近代史を扱ってきました。その読み解きの手法として、最初に灯台に対する二つの見方を紹介しました。一つは、灯台単体だけを見て満足せず、その周辺にも必ず目を配るということでした。もう一つは、灯台という建造物が伴う、人間の世界観のようなものを意識する、ということでした。

この視点を踏まえた上で、最後に確認しておいた方がよいと思われることの一つは、日本の近代化は、日本一国で成し遂げたものではない、ということです。視野を広げてみれば、灯台はたった一つあればいいというものではなく、複数あることで航路の安全性をより高めていくインフラストラクチャーでした。したがって、アジアにおいて日本は極めて多数の灯台を建設したことは事実ですが、それにこだわると、この重要な事実を見落としてしまいます。つまり、海の向こうの中国やアメリカ、そしてそのまた向こうの地域において灯台が整備されたことで、日本は安全な航路を利用できたのです。灯台を特定の国に囲いこんで取り上げるだけでは明らかに不十分でしょう。ブラントンほかの欧米の技術者はもちろん、一九世紀を生きたアジアの我々の祖先たちが、新しく生まれつつあった近代アジアの国際社会を築くための公共財として、多数の灯台を建設してきたことを、私はより重視したいと思います。

もちろん一部の人を除けば、航路全体や社会のことまで考えて建設に関わっていた人は稀かもしれません。しかし思い出して欲しいのは、灯台が、世界全体の空間とそこに立つ自分の位置関係を、経緯度という座標系で把握することを可能にしたインフラストラクチャーだったことです。灯台は海を向いて建つことで、海上の様々な場所を、経緯度という座標系で誰もが理解できるようになることに寄与したのです。灯台建設は、陸を見ている人々ではなく、海の彼方を見据えた人々による、壮大な共同プロジェクトであり、だからこそそれを、第2章で述べたように、海の近代化と私は呼んでみたいと思っています。

ただし、同時に付け加えなければいけないことは、近代化のツールとしての灯台は、実は帝国主義の手先としても十全に機能したという点です。したがって海の近代化は、海の植民地化や海上における帝国主義の衝突も意味します。これに対して、「灯台は平和裡に利用すれば国際公共財となり、戦時に利用すれば帝国主義の手先になるのは当然だ、建造物は中立であり、その使い手側に問題があるのだ」という意見もあるでしょう。しかし私は灯台はもちろん、建造物一般をそういった無色透明な存在とみなして、そこで思考を止めてしまうことに反対です。本書で提示したかったことは、灯台はそうした中立的で技術的な存在と捉えられるからこそ、結果として各時代、各地域の人々の思惑を含み込んでしまう、言い換えれば何色にでも塗られてしまうのだ、ということです。その意味で、灯台は無色透明ではなく、複数の物語を包含する非常にカラフルな存在なのです。だからこそ、それを日本の近代化の達成を表象するものとして捉えるときには注意が必要です。灯台は複数の歴史的文脈を抱いて屹立する存在であり、その文脈の先にいる人々を常に想起して扱うべき建造物であると私は考えています。

最後に、灯台を調べているとどうしても浮かんでくる一つの奇妙な考えを紹介して本書を閉じようと思います。

そのための最後の事例として、日本が朝鮮半島の植民地化の中で建設した一つの灯台を見て下さい（28）。これは、韓国蔚山の近くにある蔚崎灯台ですが、一九〇六年にコンクリート造で建設されたと考えられているものです。第3章を読めば、これが日露戦争後の朝鮮半島における日本の影響力の拡大に向けて、組織的に日本人技術者らによって建設された灯台であることが分かると思います。しかし、ここでも灯台だけを見ないという視点をもって注意深く周りを見渡してみましょう。すると、灯台の先に巨大な岩があり、そこが韓国人たちにとって重要な場所として祀られていることが分かると思います（29）。岩は大王岩と呼ばれ、新羅の王様が亡くなった後、死してなお国を守るため龍となって昇天した地とされています。確かに、ここは極めて荒い波が打ち寄せるダイナミックな場所で、龍が飛び立つような不思議な思いを抱かずにはいられません。こうした荒ぶる海と、豪壮な地形、そして象徴的な岩の形が、海への畏怖と同時に大王の偉業と折り重なり、龍の伝説へ通じていることは、訪ねれば誰もが気付くはずです。

私は一般の人々よりは多く、アジア・太平洋の様々な灯台を見てきました。その中で古い灯台はたいていの場合、建つ場所の国籍を超えた共通性として、こうした不思議な伝承や伝説、あるいは遭難者たちの鎮魂の記念碑やお堂などのそばに建っていることに気付きました。少し考えれば分かりますが、そうし

28

蔚崎灯台

29

蔚崎灯台の先の巨大な岩。亡くなった王が龍となって昇天した地とされる。

た場所が重なるのは必然的です。なぜなら、航海の難所や岬の突端などの象徴的な場所は、そうした伝説や祈りの場所としてふさわしいからであり、同時にそれは灯台が光を海上に送る場所としては適切な場所だからです。先に挙げた蔚崎灯台はたかだか一一〇年前に急に現れたもので、その他の深遠な歴史と一見無関係です。しかし、危険な海の上での安全を考えて灯台を造ったのは事実であり、その結果一三〇〇年以上も前に新羅の人々が荒ぶる海辺で目撃した、国を守る海龍の飛翔地と場所が重なってしまった。一〇〇〇年以上の時を越えて、海の向こうを見つめた人々の営為がこの場所で重なっている気がしてなりません。

この想定外の、それでいて必然のような事物の重なりに好奇心をそそられるか、あるいはあたりまえすぎてくだらないと思うかは、人によって意見が分かれるところでしょう。私は前者であり、非常に強く惹かれます。その理由は、伝説や祈りの施設、そして航路の安全を導く灯台という建造物が、その場所と向き合って生きて、そして死んできた人間たちの、遙かな旅路の痕跡のように思えるからです。より大胆に換言すれば、場所の意志が、人間と呼応して、形となって現れた、とでも言えばいいでしょうか。そこが人間にとって超自然的な場所（例えば岬や奇形の島）に映ると同時に、遭難者などの死の記憶が漂う危険な場所でもあることが、そうした伝説や祈りの施設を人間に造らせているように思うのです。そしてその延長線上に、歴史的にはたまたま、しかし場所としては必然的に、近代の灯台が建っているのではないでしょうか。つまり、場所の側からすれば、灯台はそこにやってきた近代の技術や思想を携えた人々の手を通して姿を現した、場所の意志の断片にすぎないというわけです。これが灯台の研究を通して私が抱きはじめた奇妙な考えであり、一種の場所に対する畏怖のようなものです。

私たちは普段、建造物を自由に造りだしているように思っているかもしれません。しかし右で述べた前提に立てば、建造物を造り出す行為そのものの意味も、異なって見えてきます。つまり、建造物を造るということは、単にモノを造っているのではなく、その場所の意志とそこに託された人々の願いに対して、その時代の姿を与える行為であると考えることができるでしょう。そのためには、様々な時代や地域にまなざしを向けながら、場所の力と人々の気持ちに思いをはせる力が必要です。建築史を紐解くことは、その一つのレッスンであり、新しく出逢った場所に積極的に私やあなたが参与していくための、第一歩に繋がります。建造物の建つフィールドは常にあなたの目の前にあります。場所の力を感じに、そしてそこにあなたの願いを重ねるため、足を踏み出してみましょう。